羊肚菌
绿色高效栽培技术

YANGDUJUN LÜSE GAOXIAO ZAIPEI JISHU

杨仁德　主编

中国农业出版社
北　京

图书在版编目（CIP）数据

羊肚菌绿色高效栽培技术 / 杨仁德主编. —北京：中国农业出版社，2020.9
ISBN 978-7-109-27235-4

Ⅰ.①羊… Ⅱ.①杨… Ⅲ.①羊肚菌—蔬菜园艺 Ⅳ.①S646.7

中国版本图书馆CIP数据核字（2020）第162094号

中国农业出版社出版

地址：北京市朝阳区麦子店街18号楼
邮编：100125
责任编辑：赵 刚
版式设计：王 晨 责任校对：吴丽婷
印刷：北京通州皇家印刷厂
版次：2020年9月第1版
印次：2020年9月北京第1次印刷
发行：新华书店北京发行所
开本：880mm×1230mm 1/32
印张：5
字数：133千字
定价：48.00元

本书编委会

主　编：杨仁德

参　编：朱森林　刘元士　杨　珍　陈　波
　　　　张邦喜　杨杰仲　陈　旭　杜慕云
　　　　魏善元　赵恩学　李心培　王　江
　　　　赵伦学　赖阳达　吴清英　赵平英
　　　　胡　玲　王晓敏　杨仁露

前 言

羊肚菌科（Morchellaceae）羊肚菌属（*Morchella* spp.）全世界已发现60余种，中国占30余种，主要分布在云南、四川、贵州、湖南、青海、河南、甘肃、河北、黑龙江、辽宁、宁夏、新疆和江苏等地。羊肚菌为珍稀食药兼用真菌，不仅有外形独特、香气浓郁、味道鲜美、营养丰富的特点，还具有降血脂、抗氧化、提高人体免疫力、抗肿瘤等功效。

贵州地处我国西南部，其独特的地理位置和复杂的自然环境，孕育了丰富的生物多样性，成为我国物种多样性的关键地区之一，其羊肚菌野生资源分布广泛。本书是由贵州省农业科学院土壤肥料研究所承担的贵州省农业科学院专项"贵州人工栽培的羊肚菌品种筛选及试验示范栽培（黔农科院专项〔2016〕013号）"、"贵州羊肚菌菌丝生长及菌核形成的关键因素研究（黔农科院专项〔2017〕011号）"、贵州省科技计划项目"贵州主要野生食用菌产业化技术集成及示范推广——羊肚菌野生抚育（黔科合服企〔2018〕4002-8号）"、"羊肚菌重金属污染监测及阻控技术集成研究（黔科合支撑〔2019〕2366号）"、贵州省重大专项"贵州大宗食用菌菌种选育及扩繁关键技术研究与产业化示范——羊肚菌菌种产业化技术及保供体系建设（黔科合重大专项字〔2019〕3007号）"等项目的研究及其应用成果编著而成。课题组成员朱森林、杨珍、陈波、张邦喜、陈旭、杜慕云、魏善元等做了大量的试验工作；贵州省毕节市黔西县农业局赵恩学研究员参加了部分研究工作；贵州五联科创菌种场有限公司、贵州乐丰生物科技有限公司、四川金地田岭涧生物科技有限公司等企业，以及李心培、杨杰仲、

1

尹盛良、王江、刘颖、王伟、蔡奇、赵军等企业负责人、管理与技术人员参与了部分试验工作。贵州省农业科学院赵德刚研究员、周维佳研究员、何庆才研究员，四川省农业科学院土壤肥料研究所甘炳成研究员、彭卫红研究员等对羊肚菌的研究、示范应用给予了指导与帮助。中共黔西县委、黔西县人大、黔西县人民政府、黔西县政协，中共惠水县委、惠水县人民政府，遵义市种植业发展服务中心对羊肚菌生产示范给予了大力支持。

目前，推广的羊肚菌大田栽培技术，利用羊肚菌在低温下仍然缓慢生长的特点，在低温条件下将羊肚菌菌种直接播种到土壤中，使羊肚菌菌丝体在土壤中生长，经过充分营养生长后，环境适宜时出菇。相比香菇、黑木耳等担子菌而言，羊肚菌栽培管理确实较为简单。然而，属于子囊菌的羊肚菌菌种容易老化和退化，规模化栽培对菌种质量要求很高，短时间的不良环境条件都可能会影响最终的产量，因此又可以说羊肚菌栽培的技术含量很高。

本书文字浅显易懂，辅以大量生产实践中的图片，力争把理论讲透，将实用技术讲清楚。本书可作为羊肚菌生产从业人员的入门资料，对于有经验的羊肚菌从业人员，也可修正认识，启发和改进技术。贵州五联科创菌种场有限公司李心培总经理为本书提出了很多宝贵意见，一些热心的羊肚菌从业人员提供了一批精美的图片，在此一并表示感谢！

限于作者水平有限，错误和疏漏之处不可避免，希望广大读者多提意见，以便进一步修订改进。

著 者

2020 年 6 月

目 录

第一章 概 述

一、分类地位

羊肚菌是羊肚菌科羊肚菌属（*Morchella* spp.）内所有种类的统称，并不是特指一个具体物种。羊肚菌属最早由 Dillenius 于 1719 年建立，之后由 Persoon 于 1794 年以 *Morchella esculenta* (L.) Pers. 为模式进行修订，最后由 Feies 于 1822 年以 *Morchella esculenta* (L.) Pers.: Fr. 为模式标本进行进一步修订和确认。根据系统学分类及《国际藻类、真菌、植物命名法规》，羊肚菌属的正确名称为 *Morchella* Dill. Ex Pers.: Fr.。羊肚菌是大型真菌（Mushrooms，覃菌），特别是子囊菌中最重要、最著名、最美味的食用菌。

羊肚菌在现代菌物分类学上属于真菌界（Fungi），子囊菌门（Ascomycota），盘菌亚门（Pezizomycotina），盘菌纲（Pezizomycetes），盘菌亚纲（Pezizomycetidae），盘菌目（Pezizales），羊肚菌科（Morchellaceae），羊肚菌属（*Morchella* Dill. Ex Pers.: Fr.）。

现代分子生物学研究认为羊肚菌只有3～4个多态种，Bunyard 等将羊肚菌分为4个组：黑色羊肚菌（子囊果颜色较深的种类，黑脉羊肚菌、高羊肚菌、尖顶羊肚菌）；黄色羊肚菌（子囊果颜色较浅的种类，羊肚菌、小羊肚菌、粗腿羊肚菌）；开裂羊肚菌（1个种即半开羊肚菌，盖边缘与柄分离并明显伸展，分布于甘肃等）；红色羊肚菌（危地马拉羊肚菌、红褐羊肚菌，只分布于热带和亚热带）。

目前，人工栽培成功的羊肚菌主要为黑色羊肚菌类中的六妹羊肚菌、梯棱羊肚菌和七妹羊肚菌。其他的物种栽培量很少，呈现产量不高或不出菇，有的物种甚至根本不能栽培。

二、经济价值

羊肚菌食用部分为羊肚菌的子囊果。羊肚菌外形独特、香味浓郁、嫩柔可口、味道鲜美、营养极为丰富。羊肚菌既是宴席上的珍品，又是中华医学中久负盛名的良药，过去常作为敬献皇帝的滋补贡品，我国民间素有"年年吃羊肚，八十照样满山走"的说法。在欧洲，羊肚菌被视为仅次于块菌（松露）(Tuber spp.) 的美味食用菌，是世界四大名贵食用菌之一。如今，羊肚菌已成为出口欧洲国家的高级食品，不含任何激素，无任何副作用，是人类理想的天然保健食品。

（一）羊肚菌的营养价值

羊肚菌的营养价值非常丰富。据测定，干羊肚菌子囊果中含水分 13.5%、蛋白质 24.6%、脂肪 2.5%、碳水化合物 39.8%、热量 1 212kJ、粗纤维 7.8%、灰分 11.7%；每 100g 干羊肚菌含核黄素 2.49mg、烟酸 82.0mg、泛酸 8.70mg、抗坏血酸 5.81mg、吡哆醇 5.9mg、叶酸 3.49mg、生物素 0.76mg、维生素 B_1 3.95mg、维生素 B_{12} 0.003 6mg。其蛋白质中有 44.15% ～ 49.20% 为氨基酸，共 19 种，有 9 种人体必需氨基酸，其中精氨酸 7.85%、组氨酸 2.12%、异亮氨酸 2.70%、亮氨酸 5.12%、赖氨酸 3.84%、苯丙氨酸 2.51%、苏氨酸 2.95%、缬氨酸 3.36%、色氨酸 0.86%，除色氨酸外，其余必需氨基酸含量均比面包、牛肉、牛奶、鱼粉的含量高。蛋白质含量比香菇高 1.4 倍、比猪肉高 1.5 倍、比牛肉高 1.3 ～ 1.8 倍，氨基酸含量为食用菌之首。因此，国际上常称羊肚菌为"健康食品"。

（二）羊肚菌的药用价值

据《中华本草》记载，羊肚菌性平，味甘寒，无毒；有益肠胃、助消化、化痰理气、补肾、补脑提神等功效。现代医学研究表明，羊肚菌富含多糖、多酚、黄酮类物质、微量元素硒等多种成分，具有防癌抗癌、预防感冒、提高人体免疫力的功效。

羊肚菌含有抑制肿瘤的多糖，抗菌、抗病毒的活性成分，具有增强机体免疫力、抗疲劳、抗病毒、抑制肿瘤等诸多作用。羊肚菌所含丰富的硒是人体红细胞谷胱甘肽过氧化酶的组成成分，可运输大量氧分子来抑制恶性肿瘤，使癌细胞失活。有资料表明，羊肚菌含有天然药物成分"荷尔蒙"及大量的精氨酸成分，可促进男性的性欲提高。羊肚菌对减肥和美容也有功效，特别是女性经常食用羊肚菌不但可以美容、增白，还具有消除面部黑斑、黄斑、雀斑、暗疮等作用，还能使皮肤长期保持细腻、嫩白、光滑。

一般人群均可食用羊肚菌，最适宜中老年人，阳痿、早泄、性功能减退、性欲冷淡的人，以及脑力工作者食用（图1-1）。

图1-1　羊肚菌食用和进补

三、羊肚菌产业化发展前景

从2012年开始，羊肚菌栽培面积从1 000亩[①]左右逐年翻番，2018年突破10万亩，到2019年估计维持在10万亩以上（表1-1、图1-2）。

---

① 亩为非法定计量单位，1亩≈667m²，下同。

表 1-1　2011 年以来中国羊肚菌播种面积预估

年份	2011	2012	2013	2014	2015	2016	2017	2018
播种面积（亩）	1 000	3 000	4 500	8 000	24 250	23 400	70 000	100 000
出菇鲜品量（t）	200	600	900	1 600	4 850	4 680	14 000	20 000

数据来源：由中国食用菌协会羊肚菌分会提供。

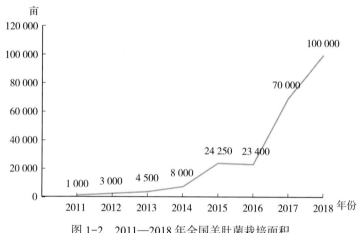

图 1-2　2011—2018 年全国羊肚菌栽培面积

　　2020 年羊肚菌大量上市时节，鲜品价格普遍在 80 元/kg 以上，干品价格在 800 元/kg 以上。春节前上市的鲜品羊肚菌批发价格甚至高达 300 元/kg，获利十分丰厚。法国市场的鲜品销售价格高达 36 欧元/kg，且供不应求。根据经销商所提供的情况反映，我国国内市场的消费量正随着居民对羊肚菌的认识加深而逐年提高，目前，中国所产羊肚菌 80% 以上为国内消费。羊肚菌产量与消费需求量当前存在巨大差距，也为羊肚菌产业的发展提供了巨大的上升空间，导致每年羊肚菌上市后集中播种的区域都会出现收购商扎堆竞相争抢的局面。

　　然而，羊肚菌毕竟是一项新兴的栽培物种，其真正意义上的栽培始于 2011 年营养袋技术的应用。理论研究和栽培技术方面还有很多需要解决的问题，加之羊肚菌比较"娇贵"，容易受到气候因素的影响，风险与机遇长期并存。所以，需要种植户虚心学习种植技术，方能提高种植成功的概率。由于存在上述问题，羊肚菌种植行业未来很长一段时间都存在一定的技术壁垒，从而使得羊肚菌产品会在较长时间内保持价格优势。随着技术的进步，种植面积还会扩大，我们推测预期价格会呈现小幅下滑趋势。当然，随着羊肚菌深加工产品的不断推出，产业附加值逐渐提高，这将会拉动羊肚菌产业持续健康发展。

第二章　羊肚菌生物学特性

一、形态特征

羊肚菌的生物体由菌丝体、子囊果、子囊孢子等组成，具体包括子囊果、子囊、子囊孢子、菌丝、菌丝体、菌核、分生孢子等。

（一）子囊果的形态特征

羊肚菌的子实体即子囊果，单生或丛生，肉质，稍脆，由菌盖、菌肉、菌柄组成（图2-1）。

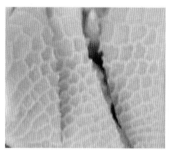

图2-1　羊肚菌外观（左图为羊肚，右图为羊肚菌子囊果）

1. 菌盖

近球形至卵形、长三角形，顶端尖或钝圆，表面由纵横交织的垂脊、横脊分隔出许多小凹坑或陷坑、网格，外观似羊肚，故名羊肚菌。小凹坑内表面分布子实层，子实层由子囊和侧丝、子囊孢子组成。菌盖中空，内壁粗糙，内壁为白色、灰白色、蓝灰色，有大小均匀的刺突物。成熟的鲜子囊果高3～12cm，菌盖高

2 ～ 8cm，宽 2 ～ 6cm；干子囊果长 2 ～ 10cm，菌盖高 1 ～ 6cm，宽 1 ～ 4cm。鲜子囊果为灰白色、黄色、灰褐色，干后变为褐色或黑色。

2. 菌肉

白色，近白色，肉质，厚 1 ～ 3mm。

3. 菌柄

与菌盖的边缘直接连接，粗大，颜色稍比菌盖浅，近白色或黄色，菌柄长 1 ～ 7cm，直径 1 ～ 5cm。菌柄幼时外表有颗粒状突起，后期变平滑，基部膨大，有不规则凹槽，使子囊果内部与外部空间直接连通，中空，见图 2-2。子囊果内壁先为白色，老熟后呈灰白色、灰色、灰黄色、灰黑色，不同物种颜色差异很大。

成熟后不同物种子囊果表面的小凹坑形状、大小、深度、颜色等往往差异很大，是区分不同物种的重要特征。

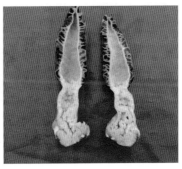

图 2-2　子囊果表面和内壁

（二）菌丝和菌丝体

1. 菌丝

是丝状真菌的结构单位，由管状细胞组成，有隔或无隔，是菌丝体的构成单元。如图 2-3，在显微镜下观察，主干菌丝白色、透明、光滑，直径 10 ～ 23μm，竹节状、有分隔，分隔处缢缩，隔膜明显加厚，细胞长度 20 ～ 150μm，隔膜上有一个中央孔，近圆形，直径 0.4 ～ 0.6μm，可使细胞质和细胞核在细胞间自由流动。单细胞多核，无锁状联合，细胞中细胞核数量不等，顶端细胞 1 ～ 2 个核，次顶端细胞 10 ～ 15 个，多的达 65 个。菌丝有发达的分枝，分枝一般呈直角垂直，气生菌丝的顶端分枝菌丝逐渐变细，直径 2 ～ 15μm，最顶端的气生菌丝不丰满，常常成为空菌丝，导致羊肚菌菌丝容易老化或退化。菌丝间由菌丝桥融合联结，融合率很高，每 100μm 达 3 ～ 4 个菌丝桥，菌丝交织呈网络状，从而构成一个复合的立体网络。

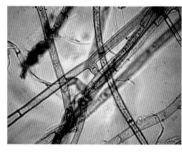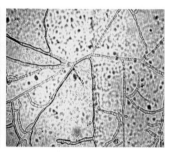

图 2-3　羊肚菌的菌丝

菌落在 PDA 培养基上初期灰白色，后期菌丝浓密颜色变深，呈黄褐色，生长快速，菌丝体较为均匀地向外扩展，培养后期的气生菌丝容易老化，细胞变短，空瘪，不坚挺，最后干瘪死掉。

2.菌丝体

是菌丝的集合体。羊肚菌的菌丝体分为气生菌丝、培养基表面菌丝、基内菌丝。如图 2-4 所示，在 PDA 培养基上，菌落初期为白色或淡白色，后变黄色或棕色、灰褐色，容易形成黄或棕黄色、黄棕色大小不等的菌核。气生菌丝均匀、稀疏，比一般食用菌的浓密程度差些，具有明显的爬壁性，在适宜的培养基上气生菌丝发达。在培养基内常常分泌浅褐色色素，使培养基变色，老后全部变成黑褐色。菌丝体生长速度快，一般为 1.5 ～ 2cm/d，

3～4d长满试管斜面。在某些培养基上呈淡粉红色、棕色；在纯培养条件下，尖端菌丝可以形成无性型分生孢子。平贴生长在培养基表面的菌丝，主干菌丝明显，挺直，白色或黄色，生长快速，直角分枝，有隔，分隔处有缢缩，菌丝常有桥连和融合现象；培养基内部的基内菌丝，无主干，呈棒状，间隔短，分枝密集、多而短。

图 2-4　培养皿中的菌落

相邻菌丝呈现不融合现象。在培养过程中观察到同一平面上的相邻菌丝相互交叉、接触而不融合。即使是同一主干菌丝上不同位置的分枝菌丝产生的次级分枝接触后往往也不会发生融合，而是交叉通过。

（三）菌核

菌核是由营养菌丝集结成的坚硬的能抵抗不良环境的休眠体。常见的羊肚菌的菌核应该是一种假菌核，因为不够坚硬，没有明显的表皮结构，内部均由菌丝平行或交叉排列形成，无菌丝分泌物进行胶结，如图 2-5 所示，但是大多数学者都把它称为菌核。羊肚菌的菌核呈斑点状或块状，白色，渐变为黄白色、黄褐色，老后变深褐色、黑褐色，大小为 1～2mm 或 3～5mm，有时形成超过 15mm 的巨大菌核。在显微镜下观察，这种斑块状的菌核中存在大量黄色物质，具有明显折光性，呈同心圆纹状，内有大量平行排列的菌丝体。

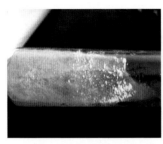

图 2-5　试管培养基和培养皿培养基表面形成的菌核

菌核形成的时间、数量大小等与培养基成分有密切关系，在玉米粉、麸皮、黄豆粉、土壤等天然培养基上容易形成菌核，松针、木屑等培养基上不容易形成菌核。试管中的菌核可以在培养基表面直接形成，也可以由气生菌丝在试管壁上形成大量菌核。

通常情况下，有没有肉眼可见的菌核与是否出菇没有必然的关系。野生菌株或栽培菌株的单孢、多孢、组织等分离菌株都会形成菌核，有菌核的不一定出菇，出菇的不一定都有肉眼可见的菌核。有的菌株很少形成肉眼可见的菌核，同样可以出菇、高产。菌核的数量与子囊果产量没有直接关系。

（四）分生孢子

分生孢子是一种无性孢子，着生在分生孢子梗上，而分生孢子梗是一种分生孢子的特化菌丝。研究发现，在羊肚菌的各种菌丝培养物中，羊肚菌菌丝可以产生分生孢子梗和分生孢子。

一般情况下，羊肚菌菌种播入土壤 3d 以后，菌丝穿出土壤表面，形成白色菌丝层，如图 2-6 所示，手拍土面，会有大量雾状孢子云出现，这就是羊肚菌的分生孢子。显微镜下可以观察到分生孢子和分生孢子梗。经过大量试验，发现直接从栽培土壤表面收集的分生孢子，在纯培养或混合培养条件下，都不会萌发出新的菌丝。

分生孢子的有无与出菇没有直接关系。有些菌株能够形成，有的不能够形成；数量多少，是否出菇，产量如何也都不尽相同。

大量不能够人工栽培出菇的野生菌株都可以在土面形成分生孢子，菌丝体的密度可能比人工栽培能够正常出菇的菌株还要多。分生孢子的数量与出菇的产量不呈直线关系。能够形成分生孢子的菌株，如果因为栽培技术导致在大田中形成分生孢子的数量太多，往往会影响产量。

图 2-6　土壤表面的菌丝、分生孢子

二、生 活 史

作为子囊菌，羊肚菌的生活史周期复杂且有一定的代表性。羊肚菌生活史开始于成熟的子囊果，每个子囊中包含 8 个子囊孢子，子囊孢子萌发产生芽管并形成单倍体菌丝（n），随着菌丝不断生长和分支形成初生菌丝体，菌丝体可产生分生孢子（n）或形成菌核（图 2-7）。初生菌丝间可交错生长发生融合，从而产生次生或异核（$n+n$）菌丝体，菌丝体再通过菌丝的重复分枝和胞质融合后形成异核（$n+n$）菌核。在这一过程中，次生菌丝体还可产生厚垣孢子。人工栽培时土表常出现的白色"粉状菌霜"即分生孢子（$n+n$）。

异核菌核在经过外界环境因子的刺激后会出现两种情况：一是长出新的营养菌丝体，继续营养生长；二是形成产子囊果菌丝体，菌丝体首先产生针头状的结构，后形成原基，原基再进一步生长和分化形成子囊果，见图 2-8。

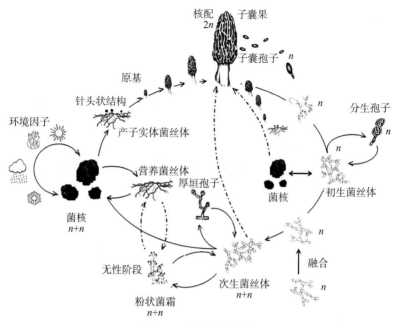

图 2-7　羊肚菌生活史

资料来源：Alvarado-Gastillo et al.，2014.

图 2-8　羊肚菌子囊果的发育过程

三、营养特性

羊肚菌生长所需营养条件，包括营养类型、天然物质提取物、碳源、氮源、矿质元素、生长因子等，其物质成分的种类和浓度对菌丝体和子囊果生长都有显著的影响。

（一）土腐生类型

羊肚菌属物种数量众多，它们有不同的营养类型：能够进行子囊果培养的物种属于土腐生类型，形态上大多数是黑色类群的物种；不能够或者是人工还无法驯化出菇的种类属于菌根型（共生类型），形态上大多数是黄色类群的物种。但土腐生类型的羊肚菌和担子菌等腐生类型蕈菌相比有显著不同：一是羊肚菌必须把菌种混合在土壤中，菌丝体长满土层以后才会形成子囊果，如果用大量纯料培养再覆土，绝对不会出菇；二是土腐生类型的羊肚菌必须生长在有机物（质）浓度很低（不超过 10%）的土壤中才能正常形成子囊果，如有机物（质）浓度超过一定数量，子囊果形成的数量将很少或不会形成，而担子菌则不存在该问题。

人工栽培羊肚菌能培养得到子囊果证明，如梯棱羊肚菌、六妹羊肚菌、七妹羊肚菌等物种，可以不与任何活的高等植物有共生或寄生关系，完全能够在土壤中形成子囊果，属于土腐生类型。

（二）提取物质

羊肚菌菌丝体适宜采用各种天然原料的细粉状物或热水提取物做培养基进行培养，如麸皮、松针、玉米粉、黄豆粉、麦芽、米糠、马铃薯、树叶、树枝、竹叶、竹枝条等，其最佳浓度为 $1 \sim 10g/L$，浓度太高或太低都不适宜羊肚菌生长，高浓度培养基中气生菌丝生长较好，但是菌丝生长缓慢，菌丝浓密，菌核数量较多。

许多研究者发现，木材提取液、苹果提取液、番茄汁、麦芽提取液对羊肚菌生长有促进作用，它们可能为羊肚菌提供了某种活性物质。

（三）碳氮源

羊肚菌碳氮源生长谱较广，能利用多种碳源与氮源，在多种真菌培养基上都能生长。羊肚菌能较好利用的碳源是淀粉、麦芽糖、果糖、松二糖、蔗糖、纤维素、木质素、葡萄糖和糊精等。较好的氮源包括有机氮、无机氮。有机氮源中，蛋白胨、牛肉膏、玉米粉、黄豆粉、麸皮等均适宜；无机氮源有各种铵盐、硝酸盐、亚硝酸盐、尿素等，羊肚菌能在较大碳氮比范围内生长（C/N 为 20～80∶1），C/N 为 60∶1 时所得菌丝体干重最大，为 0.156g/50mL。而柠檬酸铵、硫脲、盐酸羟胺以及 2- 盐酸肼对羊肚菌有一定毒害作用。

（四）矿质元素

在真菌的培养过程中，当培养基中缺乏某些矿质元素时，会导致菌丝体生长缓慢或繁殖能力下降。矿质元素在维持细胞正常生长过程中扮演着重要角色，它们是构成细胞的主要成分，也是大多数酶类保持活性的重要组成部分，同时具有调节细胞渗透压、氢离子浓度、氧化还原电位等作用。真菌所需要的矿质元素相对于碳源、氮源是很低的。

当前，羊肚菌的人工栽培体系属于粗放型生产，培养料中的麦粒、木屑、谷壳，特别是添加的腐殖土中富含大量的微量和常量元素，足以满足羊肚菌生长发育的需要（图 2-9、图 2-10）。但在培养料中添加一定量的磷酸二氢钾、石膏、生石灰，则提供磷、钙、镁、硫等矿质营养，更有利于促进菌丝生长。

研究还表明，高浓度的钾、钠、镁、铜、铁、钙等离子，对羊肚菌菌丝生长有明显的抑制作用。

图 2-9　小麦和谷壳

图 2-10　木屑和泥土

（五）生长因子

羊肚菌菌丝体生长速度很快，可以达到 1.0 ～ 2.0cm/d，是所有栽培食药用菌中菌丝体生长最快的一种。

一般天然培养基、半合成培养基、合成培养基中的营养成分已经足够丰富，特别是添加了天然原料的培养基中，含有各种维生素、生长素、氨基酸、生长激素，完全能够满足菌丝体的生长所需，不需要在培养基中添加这些物质。

有研究者认为，羊肚菌是一种生长素自养微生物，维生素 B_1 和维生素 B_2、泛酸、烟酰胺、β- 丙氨酸、次黄嘌呤对它的生长无作用，酵母提取液可抑制羊肚菌生长。

四、生长环境

羊肚菌菌丝体和子囊果生长的环境条件包括：温度、湿度、光照、空气、土壤 pH 等。

（一）温度

羊肚菌属偏低温型真菌，自然界春季 3—5 月雨后多发生，秋季 8—9 月也偶有发生，但数量很少。羊肚菌生长期长，除需较低气温外，还需要温差刺激菌丝体分化。

羊肚菌菌丝体生长温度 3 ~ 25℃，最适温度 15 ~ 20℃，低于 3℃或高于 28℃停止生长，30℃以上菌丝体生长受阻，甚至死亡。在菌丝体生长温度范围内，低温培养菌丝体粗壮、不易老化和退化。最高气温低于 25℃时，土壤温度低于 20℃是最佳的播种时机，菌丝在地温（地表 5cm 厚土层温度）10 ~ 20℃时可以快速生长。

菌核形成温度为 16 ~ 21℃；原基发育温度为地温 8 ~ 12℃，低于 8℃或高于 18℃，不再形成原基，并造成已有原基大量死亡；子囊果形成与发育的地表温度为 8 ~ 22℃，最适温度为 8 ~ 16℃，若超过 23℃，子囊果生长缓慢，进入消失期。

在生长温度范围，气温低，推迟出菇；气温高，提早出菇，但持续出菇期明显缩短。环境温度长时间超过 25℃不再出菇。在幼菇期，设施内地表温度不要低于 4℃，低于 0℃将直接造成原基或幼菇冻伤夭折（图 2-11）。因此，一定要关注未来 1 周甚至更长时间的天气情况，以便采取相应的控温措施。

图 2-11　低温冻害

（二）水分与湿度

羊肚菌属于喜湿型真菌，菌种培养阶段，原种、栽培种的水分含量保持在60%～65%，水分过高影响培养基的通气，易造成厌氧状态，影响菌丝的发育；水分偏低，同样不利于菌丝发育，表现出菌丝稀疏，吃料慢或不吃料的特征。营养袋的水分可适当增大至65%～70%，确保在野外环境下，划口摆袋之后不至于水分丧失过快造成不利影响。

在种植环节，播种时，15～20cm厚土壤含水量应达到40%～45%。通常可以用手抓一把土进行土壤含水量的判断：用力捏可以成团，但不出水或手上无明显的水印，土团丢地即散为宜。播种之后，在摆营养袋时，土壤含水量应稍高为45%～50%。在菌丝体生长阶段，土壤含水量应略低于摆营养袋时的土壤水分，控制在40%～45%为宜。催菇时，土壤含水量应达到45%～50%为宜；在原基形成和子囊果发育阶段，土壤含水量应控制在40%～45%（图2-12）。

图2-12　土壤湿度（左图为水分过多，右图为土壤过干）

菌种生产阶段，养菌房内的空气湿度应控制在60%左右。大田栽培时，菌丝生长阶段，空气湿度可保持在60%～70%，如果使用地膜技术，则不用考虑环境中的空气湿度问题。原基形成和子囊果发育阶段，要增加空气湿度到70%～80%，避免空气干燥对幼嫩子囊果造成的损伤（图2-13）。

图 2-13　厢沟内土壤含水比厢面大、空气湿度高，子囊果密度大

羊肚菌原基、幼菇对明水非常敏感，如果直接向原基和高度小于 2cm 的幼菇上直接喷水，它们都会死亡。一般应该向空气中喷雾化水，用水管人工喷水一定朝上，不要直接对着地面上的子囊果喷水（图 2-14）。

图 2-14　喷水设施（左图：雾化水（赵军　供图）；
右图：水带喷水（王伟　供图））

（三）光照

羊肚菌菌丝生长阶段不需要光线，短时间的光线刺激有利于菌核形成。大田栽培时，要采用遮光率为 85% ~ 90% 遮阳网遮阴，创造出利于菌丝生长的均匀光线。当遮阳网遮光率不足时，在大棚内使用小拱棚同样能起到一定的避光作用。微弱的散射光有助于诱发原基形成和羊肚菌子囊果的生长发育。如果大棚覆盖较厚，棚内长时间光线过低，则可能影响原基分化和幼菇发育，或造成子囊果朝着光线的方向倾斜生长，最终影响产量。子囊果在生长发育过程中要避免强光直射，强光和高温会灼伤子囊果，导致形成畸形菇。幼菇进入快速发育期，稍强光线则利于幼菇发育（图2-15）。

图2-15　从左至右实测遮光率为80.7%、88.5%、96.2% 羊肚菌的生长情况

（四）pH

羊肚菌菌丝和子囊果生长环境的 pH 以 6.5 ～ 7.5 为宜。菌种和营养袋生产，培养料中最好不要加石灰，如加入 1% ～ 1.5% 的石灰，菌丝生长浓密程度会显著减弱，生长速度显著变慢；培养料中可以添加 1% ～ 2% 碳酸钙作为缓冲剂，用来中和因为高温灭菌和菌丝体生长过程中产生的酸。加入碳酸钙后可有效防止培养料 pH 下降，抑制菌丝体生长的现象。

栽培土壤的 pH 以 6.5 ～ 7.5 为宜，pH 低于 6，可适量在大田撒石灰、草木灰等进行调节，石灰用量为 50 ～ 100kg/亩，草木灰用量为 200 ～ 300kg/亩。具体操作方法为，先把石灰粉、草木灰均匀撒在土壤表面，用旋耕机均匀地混合在土层中。此外，石灰还有一定的杀菌、杀虫作用。

（五）空气

羊肚菌是好氧性食用菌，在菌丝生长期间耐高 CO_2 浓度，但是通气良好的透气瓶盖，会使羊肚菌菌种菌丝体生长速度更快。大批量生产原种和栽培种时，培养室内需要及时换气，增加 O_2 供应。O_2 不足或 CO_2 超标时，发菌速度变慢。

大田栽培，土壤中水多，导致缺氧，菌丝体会大量死亡，一般土壤含水量不要超过 50%，否则，土表面 1 ～ 2cm 范围内的菌丝体浓密，分生孢子粉增多，消耗大量营养而影响产量。子囊果发育过程中，需要加强通风管理，增加棚内 O_2 含量，一定不能有闷气的感觉，CO_2 浓度不能超过 0.3%。如果设施内部长期通风不良，CO_2 浓度过高，则会导致子囊果菌柄变长，菌脚增大，菌盖短小，子囊果纤细、薄，提早成熟，影响产量（图 2-16）。

图 2-16　菌脚增大，菌盖短小（秦智洲　供图）

生产管理，要注意空气、湿度、土壤含水量和温度之间既相互关联又相互矛盾的关系，一定要在不同阶段抓住矛盾的主要方面。在覆膜栽培发菌期，主要是防止地膜密闭过严、膜下温度过高；原基分化期，要保持各环境因子稳定，特别是近地面的空气相对湿度要控制在 75% ～ 80%；幼菇期管理要结合自然气温灵活进行，可微弱通风并保持一定的空气湿度；而随着幼菇长大，要适当增加通风和喷水次数，尽量保持低温以使子囊果缓慢发育。

五、重金属污染

　　土壤污染特别是耕地污染问题事关食品安全和国家长远发展战略。据2014《全国土壤污染状况调查公报》，全国土壤点位超标率为16.1%，其中耕地土壤点位超标率占19.4%，土壤中镉、汞、砷、铅、铬点位超标率分别为7.0%、1.6%、2.7%、1.5%、1.1%。另据农业农村部环境监测系统近年的调查，重金属含量超标农作物种植面积约占污染物超标农作物种植面积的80%，每年因土壤污染而减少的粮食产量高达1 000万t，经济损失达200多亿元。《贵州省农产品产地土壤重金属污染普查》表明，全省农产品产地土壤主要污染元素为镉、砷、汞，其中镉分布于大部分区域。土壤污染，特别是耕地污染已成为制约农业高质量发展的主要制约因素之一。

　　长期以来，食用菌一直被广大消费者认为是健康食品。但自我国加入WTO后，由于国际贸易的竞争进一步加剧，进而更加注重食用菌产品的质量安全，更加关注食用菌生产过程的重金属富集与防控技术实施。多种食用菌品种具有富集多种重金属元素的能力，其基本规律与主要风险已被人们关注并形成共识。食用菌栽培原料（种植业秸秆与养殖业粪便）、土壤重金属污染，导致食用菌产品的重金属累积与污染。

　　菌类富集重金属是普遍现象，羊肚菌也不例外，关键问题在于栽培基质与产地土壤环境。目前，我国人工栽培羊肚菌主要采取有基料栽培和无基料栽培两种模式，贵州主要采用农田无基料栽培方式，羊肚菌重金属超标现象时有发生，栽培土壤中重金属会严重影响羊肚菌产业的发展。如何避免土壤重金属对羊肚菌子囊果的污染，开展羊肚菌产地环境检测及重金属安全生产参考值研究，对保障羊肚菌产业健康、可持续发展意义重大。

　　以《土壤环境质量　农用地土壤污染风险管控标准（试行）》（GB 15618—2018）为土壤环境质量参考，以《绿色食品　食用菌》（NY/T 749—2018）镉、汞、砷、铅的限量值和《食品中污染物限量》（2762—2017）铬限量值为羊肚菌重金属安全标准（表2-1），以贵州省不同海拔地区的羊肚菌种植基地为研究对象，实地勘察，依据种植基地的种植方式、地理位置特征和种植规模大小，通过土壤—羊肚菌协同监测，建立数据模型，进行相关性分析，开展羊肚菌产地土壤重金属安全生产参考值研究，初步得出羊肚菌产地土壤重金属(镉、汞、砷、铅、铬)安全临界值（表2-2）。

表2-1 羊肚菌子囊果重金属限量值

单位：mg/kg

项目	铅	砷	汞	镉	铬
鲜品	≤ 1.0	≤ 0.5	≤ 0.1	≤ 0.2	≤ 0.5
干品	≤ 2.0	≤ 1.0	≤ 0.2	≤ 1.0	≤ 1.0

表2-2 土壤污染风险筛选值与羊肚菌种植土壤重金属安全参考值

单位：mg/kg

项目		Pb	As	Hg	Cd	Cr
农用地土壤污染风险筛选值	pH ≤ 6.5	≤ 90	≤ 40	≤ 1.3	≤ 0.3	≤ 150
	6.5 < pH ≤ 7.5	≤ 120	≤ 30	≤ 2.4	≤ 0.3	≤ 200
	pH>7.5	≤ 120	≤ 25	≤ 3.4	≤ 0.6	≤ 250
安全参考值	pH ≤ 6.5	71.35	41.76	1.06	0.46	116.15
	6.5 < pH ≤ 7.5	88.97	28.21	1.39	0.51	199.05
	pH>7.5	88.77	19.26	2.33	1.04	282.01

六、连作障碍

羊肚菌的连作障碍表现为同一块地连续多年种植，会造成产量降低、生长状况变差、品质变劣、病虫害发生加剧，甚至绝收的现象（图2-17）。其原因是连作造成土壤养分失衡、土壤微生物区系恶化、菌丝分泌出或残留对羊肚菌生长不利的物质等几个方面。

图2-17 羊肚菌连作病害严重（秦智洲、朱森林 供图）

生产实践证明，羊肚菌旱地连续栽培的最长时间为两年；水稻田种植羊肚菌，连作障碍问题不明显。克服和减缓连作障碍问题，可以采用稻—菌轮作、菜—菌轮作、菌—草轮作等模式，严禁和其他食用菌如红托竹荪、双孢蘑菇、姬松茸等轮作。另外，还可以采取在羊肚菌播种前，土地的阳光暴晒、深耕、加大生石灰用量至每亩100kg、高温闷棚3周以上等措施。

第三章　菌种分离与菌种生产

一、羊肚菌主要栽培品种

目前，人工栽培成功的羊肚菌主要为黑色羊肚菌类中的六妹羊肚菌、梯棱羊肚菌和七妹羊肚菌。其他羊肚菌用于栽培，存在不出菇或出菇很少的风险。所有本地发现的野生羊肚菌，分离得到的菌种仅能用于实验性栽培，不可直接在生产上推广应用。

（一）六妹羊肚菌

该品系子囊果菌盖红褐色至暗红褐色，菌柄光滑、白色，菌盖棱纹密度中等，菌盖纵棱极明显，菌盖与菌柄交接处凹陷不明显，子囊果兼有单生和丛生方式。子囊果中等大，高5～12cm。菌盖近圆锥形，高3～8cm，直径2～5cm，中空，表面凹陷，呈蜂窝状。幼时灰白色、灰色，成熟时灰褐色至黑褐色略带红色色调。菌柄长3～6cm，粗2～3cm（图3-1）。

图3-1　六妹羊肚菌子囊果

优点：出菇早、整齐、采收期较集中，商品性状优良（菌盖形态尖顶、菌柄较短）。

缺点：耐高温和低温能力较弱；菌盖易碎，不耐贮运。

（二）梯棱羊肚菌

该品系子囊果的菌盖褐色至深褐色，菌柄白色至黄白色，菌盖棱纹密度中等，菌盖纵棱明显，子囊果兼有单生和丛生方式。子囊果不规则圆形，长圆形，长 4～12cm，直径 2～5cm。菌盖表面形成许多凹坑，似羊肚状；菌柄中空，长 2～6cm，直径 1～3cm，表面有颗粒状物，基部稍膨大（图 3-2）。

优点：产量高、商品性优良（菌盖质地韧性较强，耐贮运，颜色较深），适宜鲜品销售和速冻加工。

缺点：与六妹羊肚菌相比出菇较迟，耐高温和低温能力较弱。

图 3-2 梯棱羊肚菌子囊果

（三）七妹羊肚菌

该品系子囊果的菌盖灰褐色，近似圆锥形，顶端形态为圆钝，菌盖棱纹不明显，菌柄白色呈梯形，菌柄短。出菇较整齐，菌盖长度 4.12～5.24cm，菌盖宽度 3.62～4.15cm，菌柄长度 1.75～3.46cm，菌柄宽度 1.43～2.25cm（图 3-3）。

优点：单个子囊果个头大、菌盖厚、抗病虫害和耐高温能力较强。

缺点：与六妹和梯棱羊肚菌相比产量较低，商品性较差。

图3-3　七妹羊肚菌子囊果

二、菌种分离与母种培养

优质菌种是高产的前提，栽培管理是发挥菌种生产潜力的保证。同样的菌种，不同基地之间羊肚菌产量和质量差异很大，其原因在于落实管理技术上的差异。而劣质菌种无论怎样科学管理都不可能获得高产。使用优质菌种，尽管由于缺乏管理经验或气候等客观原因无法获得理想的高产，但一般也不会绝收。因此，菌种是羊肚菌栽培的关键，对羊肚菌栽培成败的贡献率在50%以上。

（一）菌种分离

1. 多孢分离

在适宜的条件下，使孢子萌发而获得纯培养菌丝体的过程称为孢子分离法。孢子分离包括多孢分离和单孢分离。多孢分离方法是先获得羊肚菌子囊孢子，让孢子混合后萌发，获得两种交配型菌丝自然融合的菌丝体。由于子囊孢子为减数分裂的产物，在减数分裂过程中发生了染色体交换和重组，孢子后代会出现严重的性状分离，不同的多孢分离产物性状不一致，有些分离物性状优良，但也会出现性状差的分离物。因此，多孢分离获得的菌株不能直接用于规模化生产，要先经过试栽，筛选到优质高产的分离物，再从子囊果经过组织分离获得潜在优良菌株。

多孢分离具体方法如下：

（1）获得子囊孢子。选择朵形好、无病虫害、头潮出菇、八至九成熟的子囊果，采用三种方法中的一种获得子囊孢子（图3-4）。第一种方法：将菌盖剖开的羊肚菌子囊果断面朝上置于白色A4纸上，在阳光下照射弹射30min；刮取纸张上的孢子，镜检确认为羊肚菌子囊孢子。第二种方法：将羊肚菌组织块悬挂于盛有少量无菌水的三角瓶内，室温条件下弹射过夜，镜检三角瓶底部是否有羊肚菌子囊孢子（图3-5），若该方法仍然无法得到孢子，则将羊肚菌组织块用无菌研钵磨碎，然后加入无菌水，采用无菌棉柱过滤，之后镜检滤液中是否有羊肚菌子囊孢子。

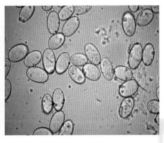

图3-4 子囊孢子（左图为子囊，右图为子囊孢子）

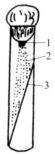

1.菌盖组织块 2.孢子 3.培养基

图3-5 收集孢子（左图三角瓶收集孢子，右图直接孢子弹射接种）

27

（2）**孢子培养。**用接种环取孢子悬浮液在斜面上画线，孢子萌发后菌丝体长在一起。取菌丝块转接新的斜面，20℃避光培养，观察记录菌丝满管时间、菌核产生时间、菌核数量与形态、产生色素多少与早晚等培养特征，选取菌丝生长快、菌核数量适中、产生色素少且晚的培养物用于栽培试验。

2. 羊肚菌组织分离

组织分离是从子囊果组织中获得纯培养物的方法，是羊肚菌菌种分离的主要方法。该方法较孢子分离相对简单，获得的菌种性状相对稳定，分离后代的基因型和亲本基因型一致，可以在一定的世代范围内传承亲本的优良性状。组织分离的量要大，从大量分离物中挑选无杂菌污染、菌丝生长快、产菌核适中、产色素晚的分离物用于栽培试验。组织分离法有鲜菇组织分离和干菇组织分离两种方法，其中鲜菇组织分离成功率高，分离到的菌株用于生产的风险更小。组织分离对无菌操作要求甚严，建议在洁净工作台或接种箱内进行。将分离所用到的手术刀、手术剪刀、尖嘴镊子、接种钩、平板、斜面等放在工作台内，开紫外线消毒半小时以上，之后关闭紫外线灯，放入待分离的子囊果，打开风机，保持高风状态10min以上。操作前用75%酒精棉球擦拭双手消毒，操作时用火柴或打火机点燃酒精灯，所有操作在火焰无菌区进行，分离结束后盖上酒精灯盖子，熄灭火焰。

（1）**鲜子囊果菌柄组织分离。**用于组织分离的羊肚菌子囊果要求是第一潮菇、健壮、无病虫害、六至七分熟、朵形好、菌柄白色、颜色均一、周围幼菇或原基多等。组织分离前，切除菌柄基部带土的部分，用酒精棉球对菌柄进行表面消毒。选择菌盖与菌柄交界处或菌柄肉较厚的位置，剖开菌柄，用无菌手术刀在菌柄组织上划多个 2～3mm 小格子，然后用无菌尖嘴镊子撕下组织块，放到斜面或平板培养基表面。斜面培养基放 1 个组织块，平板培养基放 5 个组织块并按梅花状分布。然后在 20℃避光培养一周左右，可见羊肚菌菌落产生菌核，挖取萌发菌落前端置于新的斜面内，20℃避光培养，观察分离物的生长状况，将菌丝生长快、产菌核适中、产色素少且晚的分离物挑选出来，挖取部分菌丝块置于20%无菌甘油管内，−20℃或更低温度下保藏，剩余培养物置于4℃冰箱保藏，生产使用前大批转管培养（图3-6）。

图3-6　洁净工作台内进行羊肚菌组织分离

（2）鲜子囊果菌盖组织分离。由于菌盖表面和内部着生的细菌、酵母菌和其他杂菌较多，所以鲜菇菌盖组织分离污染率较高。用于菌种分离的子囊果选择要求同菌柄组织分离的子囊果。分离前，先用酒精棉球对菌盖进行表面消毒；然后，用无菌解剖刀将菌盖表面削去，露出内部菌肉部分；再用尖嘴镊子撕取芝麻粒大小的组织块，接种斜面或平板。其他操作同菌柄组织分离（图3-7）。

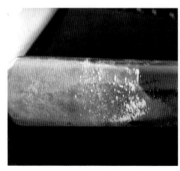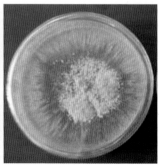

图3-7　组织分离得到的羊肚菌菌种

（二）母种培养

1. 母种转管和培养

人工分离获得的培养物，以及冰箱保藏的菌种体，在生产使用前必须大量转管扩大培养，但母种转管尽量不要超过 3 代。母种转管一般在超净工作台内点燃酒精灯进行。先将原始母种试管口用酒精灯火焰灼烧 1 ～ 2 次，冷却，用接种钩挖取 4 ～ 7mm 菌种块，放在新试管斜面的中央部位，菌丝体朝上。接种时不要只取气生菌丝，一定要将菌丝与培养基一起转接到新试管中。将试管口灼烧 1 ～ 2 次后，趁热塞上棉塞。一支原始或活化后的试管种可以转扩 20 ～ 30 支新试管菌种。

转接好的试管贴上标签，写明菌株号及接种日期、接种员等信息。标签贴在试管偏上方的培养基背面，不影响观察菌丝的生长状况。接种后的斜面成捆包扎，置培养箱内避光培养，温度不超过 25℃。从第二天起，每天观察试管斜面接种物的生长状况，将污染管、生长缓慢管及其他可疑管剔除，菌丝生长速度快、产菌核适中、产色素迟且少的培养物可用于原种生产（图 3-8）。

图 3-8 转接得到的羊肚菌母种

2.菌种保藏

羊肚菌菌种保藏是创造低温、缺氧、缺乏营养等条件，使羊肚菌菌丝细胞分裂达到最慢，降低其发生老化和退化的概率，从而使羊肚菌优良性状得以保持。羊肚菌菌种常采用以下两种方法保藏：

（1）**斜面低温菌种保藏法**。用于菌种保藏的斜面培养基，琼脂用量加到2.5%，试管装培养基量增加50%，使试管底部有较多的培养基。接种菌种块，在菌丝刚发满时置于4℃冰箱保藏。采用乳胶塞，减少进入管内的O_2、增加保藏时间。该法保藏一般3~4个月传代一次，一般不要超过半年。

（2）**甘油管保藏法**。取3~4块直径约0.5cm生长旺盛的羊肚菌菌种块，放入2mL无菌保藏管内，然后装入1mL灭菌好的20%甘油溶液，旋紧离心管盖后，再用封口膜封口，最后置于—20℃或更低温度的冰箱内保藏，可保藏2年以上。

三、原种与栽培种制作

羊肚菌菌种生产分母种、原种和栽培种三级菌种体系，由试管菌种转扩到菌种瓶中的菌种即为原种，也称二级菌种。原种生产的目的是扩大菌丝量，并使羊肚菌菌丝体逐渐适应麦粒和木质纤维素的营养基质。栽培种是原种接种到栽培种基质内经培养而形成的菌种，包括羊肚菌菌丝体、菌核和培养基基质。在贵州，羊肚菌原种可在当年的8—9月生产，原种在20~30d满瓶后，立即生产栽培种，在9—10月底必须满瓶，以保证10月底到12月初播种，在次年的2—3月前的最佳出菇期出菇。

（一）羊肚菌原种生产

羊肚菌原种培养基是以麦粒、木屑、谷壳等为主的固体基质，容器使用750ml的标准菌种瓶。常用原种基质配方为：①小麦85%，稻壳3%，腐殖土10%，石膏1%，碳酸钙1%；②小麦85%，木屑3%，腐殖土10%，石膏1%，碳酸钙1%；③小麦60%，米糠14%，细木屑14%，腐殖土10%，石膏1%，碳酸钙1%。小麦去杂加水浸泡24h左右，沥干水分拌入其他物料，装瓶。物料装至瓶肩，上下松紧一致，擦净瓶口，加棉塞封口或采用封口膜封口，然后置于灭菌锅121～125℃高压灭菌2.5～3.0h。待温度降至25℃以下时，方可进行接种操作。接种在洁净台或接种箱内进行，提前将母种、原种瓶、接种工具、酒精棉球、酒精灯、标签纸、记号笔等放入洁净台或接种箱内，开紫外线照射30min或采用气雾消毒盒消毒。接种时，需两人配合作业，分别坐于接种台两侧，一人负责钩取母种，一人负责打开原种瓶盖子和再封闭盖子。接种时要注意用酒精棉球擦拭接种人员的双手消毒，火焰灼烧接种钩或接种铲，母种试管和原种瓶口不要离开酒精灯火焰无菌区。160mm×160mm的试管母种，每支接种原种8瓶；180mm×180mm的试管母种，每支可接10瓶。接种后搬到原种室培养，室内要避光、清洁、空气流通和干燥，培养室温度控制在20℃左右，一般12～14d可发满瓶，16～20d可用，培养期间要经常检查原种瓶内菌丝生长情况，剔除污染瓶和菌丝生长慢的异常菌种。合格的羊肚菌原种应该菌丝生长均匀、迅速、无污染，在瓶肩部或料与瓶的缝隙处产生菌核，菌核初期白色，后期为金黄色至浅褐色的颗粒状。

原种菌丝体完全满瓶后应该立即使用。若不能及时使用，可转移到温度为1～6℃的低温冷库中保藏1～2个月，冷库中的空气相对湿度应该低于60%，可以使用干石灰粉或除湿器降低湿度（图3-9）。

（二）羊肚菌栽培种生产

栽培种也称三级菌种，生产栽培种的容器既可选用玻璃菌种瓶，也可选择聚丙烯菌种瓶，还可选择聚丙烯食用菌菌袋，各有优缺点（图3-10）。目前，商业化菌种厂一般采用聚丙烯食用菌菌种袋经高压灭菌生产栽培种。

图 3-9　除湿器（陈波　供图）

图 3-10　羊肚菌菌种

常用栽培种基质配方为：小麦 85%，稻壳 5%，腐殖土 8%，石膏 1%，碳酸钙 1%，pH 值自然。小麦等的处理与原种相同，培养基料拌和均匀后装入菌袋中，菌袋大小为 15cm×35cm 的聚丙烯食用菌菌种袋，高压灭菌。冷却后，无菌条件下在菌袋一端接入原种，一瓶 750mL 原种接种 50～55 袋栽培种为宜。

接种后的菌袋及时转移至发菌室进行发菌管理。发菌室要求洁净、控温、控湿、避光，栽培种发菌温度控制在 20℃左右，一个批次的栽培种在发菌期间要进行 3～5 次的质量检查。通常情况培养 3～4d，查看菌种的萌发、吃料情况；在菌丝长至袋子的 1/4 ～ 1/3，进行第二次检查，查看菌丝的浓密程度、菌丝一致性，是否有杂菌产生，剔除发菌不均一、发菌速度慢和污染的菌种；第三次为菌种生长至 3/4 ～ 4/5 时，检查菌丝长势、浓密程度、菌核生长情况、菌丝的颜色等感观，同时仔细检查是否有杂菌发生，剔除劣质及污染菌种；第四次为菌种长满的 1 ～ 2d 后，全面检查、统计菌丝长势，安排后续实验或转入冷库保藏。菌种长满后要及时使用，对于实际生产中来不及使用的菌种，务必存放在 4 ～ 10℃的低温环境，原种、栽培种保藏的时间最长不超过 2 周。

四、菌种质量管理

羊肚菌菌种分为母种（一级种）、原种（二级种）和栽培种（三级种），目前市场上直接销售到农户手中的为栽培种，菌种如图 3-11 所示。

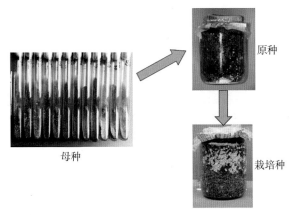

图 3-11　三级菌种示意图

由于羊肚菌属于低温型食用菌种类，菌种亦不能遭受高温，运种的天气最好选择在阴天进行，运输过程中应注意防止车内温度过高和淋雨，如长途运输建议采用 0 ～ 4℃的低温冷藏车。到达目的地后应做好"三及时"：

及时下货：车内因菌种数量多、堆码过密，易产生较大热量，应及时将菌种搬运下车。

及时分散：搬运下车后菌种应及时分散放置于阴凉处，每堆菌种高度不超出 2 件高，堆间留 10cm 以上的通风道。

及时播种：菌种必须在到达场地后 3d 内播完，否则菌种可能因为外界多种因素发生变质，影响菌种活力和出菇效果。

第四章　营养袋的生产

营养袋叫法不一，分别叫营养料袋、营养转化袋、转化袋等。由营养袋提供营养是人工栽培羊肚菌的特色。营养袋的使用促进了羊肚菌产业的健康发展。营养袋技术是羊肚菌生产环节中最关键的技术，是羊肚菌丰产最重要的保障。

一、配　　方

每袋营养袋含 90% 小麦，10% 谷壳（重量比），其中小麦按小麦干重计算，每袋需小麦 150g（图 4-1）。

图 4-1　生产营养袋

二、营养袋的规格及要求

（一）规格

12cm × 24cm 的聚丙烯塑料袋（高压或常压灭菌）；

12cm×24cm 的聚乙烯塑料袋（仅用于常压灭菌）。

（二）原料要求

小麦：无霉变、无虫蛀、颗粒饱满、破损少。

谷壳：无霉变（粗壳更好，如无谷壳，麦壳也可以）。

石灰：生石灰。

三、生产技术

（一）生产工艺流程

泡料 ⟶ 拌料 ⟶ 装袋 ⟶ 打包 ⟶ 灭菌

（二）泡料

（1）配料比：90% 小麦，10% 谷壳（重量比），每袋需小麦 150g（干重）。

（2）按照小麦干重的 1% ～ 1.5% 称取生石灰，兑水，搅拌均匀后，将所需泡发的小麦倒入兑好的石灰水中，浸泡，建议泡麦的厚度不超过 40cm，水面超过麦面 10cm。

（3）浸泡时间：720 个积温。计算方法：假设水温为 20℃，浸泡 36h，则积温=20℃×36h=720 个积温。根据水温升降对时间进行增减，待积温时间到达后，检查小麦中间是否有白芯未透，如未透，还需要延长浸泡时间。小麦在浸泡过程中每天要上下翻动两次，使小麦浸泡均匀。

（4）谷壳的浸泡：在使用前 24h，将谷壳放入水池内浸泡 10 ～ 12h，浸透即可。

（三）拌料

将浸泡好的小麦捞出，沥干水，与谷壳搅拌均匀。

（四）装袋

装料方法：用矿泉水瓶或者可乐瓶根据所需料重量的体积切割成装料容器，提高装料效率。也可以用装袋机进行装袋。

将混合均匀的小麦、谷壳按每袋湿重400g±20g均匀装入袋中，并检查捆紧袋口。

（五）打包

用编织袋，将装好的营养袋打包，每编织袋按照50袋或者80袋麦粒袋打包，检查扎紧袋口，准备灭菌。

（六）灭菌

1.堆码方式

常压灭菌条件下，将打包好的编织大袋，堆码灭菌。灭菌堆的底面用砖或者木方垫平以隔开地面，铺上薄膜，膜厚度要求8丝以上，以免破口漏气。堆码过程中，袋与袋之间留通气道，平面每堆码两层，用木板或竹竿加垫层，再进行堆码，留足通气道。每次灭菌量建议不超过2万袋小袋。待上灶结束后，在堆上加一张膜与垫膜交叉重叠，包裹起来，达到密封状态。用布或遮阳网作保护层，用细绳捆紧，压实，达到坚固即可。

2.常压灭菌

建议购买0.35t以上的蒸汽发生器，蒸汽发生器越大，产气量越多，越有利于灭菌彻底，能够保证营养袋的质量。灭菌前期，烧大火，力争3～5h将堆温升至100℃，堆温达到后，包裹的膜要鼓起来，用手压有力感，然后开始计时。不离人、不软火、不降温，连续坚持100℃达到13～15h。灭菌好的营养袋，有麦香味，无异味，无霉味。

3.高压灭菌

灭菌温度：121℃；灭菌压力：0.125MPa；灭菌时间：2h（排气程序完成后开始计时，根据灭菌容器装载量确定稳压灭菌时间）；灭菌结束：闷30min。

（七）营养袋用量

就现有技术体系下，营养袋的有无和摆放数量对羊肚菌产量的影响较大。从图 4-2、图 4-3 的试验可以看出，营养袋密度为 6 袋/m² 时（按每亩地 400m² 的种植面积折算，即每亩转化袋用量 2 400 袋时），产量最高，较目前生产中转化袋的普遍使用量为 4 袋/m²（即 1 600 袋/亩）产量，提高了 68.45%。综合投入产出成本，一般每亩用量为 2 000 ～ 2 200 袋为宜。

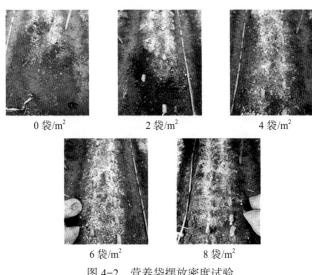

0 袋/m²　　　　2 袋/m²　　　　4 袋/m²

6 袋/m²　　　　8 袋/m²

图 4-2　营养袋摆放密度试验

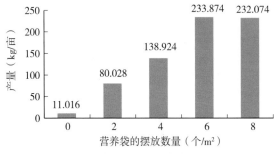

图 4-3　营养袋摆放密度与产量的关系

（八）营养袋生产过程中的注意事项

1. 小麦浸泡注意事项

浸泡小麦过程中要随时搅动，根据气温变化随时检查小麦的浸泡状况。一般来说浸泡720个积温比较合适，然而生产中主要靠手感来掌握。其技巧是：拿一粒浸泡过的小麦，用拇指和食指稍微用力捻，如果小麦能被捻开成薄饼状，且无白芯，则刚刚好；如果很难捻开，有硬白芯，则还需要继续浸泡；如果轻轻就捻开，而且感觉小麦膨胀透亮，捻开时麦芯流水，则是浸泡过度。浸泡不够的小麦容易感染杂菌，浸泡过度的小麦灭菌后容易黏连结块，不利于菌丝生长。

2. 选用袋子的注意事项

选用的袋子建议采用12cm×24cm的聚丙烯折角袋，封边不好的袋子往往导致灭菌后破袋的问题（图4-4、图4-5）。

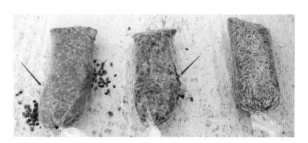

图4-4　因选用袋子不合格导致灭菌后袋子腰部破裂

图4-5　因选用袋子不合格导致灭菌后袋子底部破裂

3.灭菌条件的注意事项

灭菌过程中严格注意温度、压力，确保灭菌时间充分，否则将导致灭菌不彻底而滋生杂菌，有的甚至还长出麦苗（图4-6、图4-7）。

图4-6　灭菌不彻底长出麦苗

图4-7　灭菌不彻底滋生杂菌

第五章　羊肚菌大田栽培技术

一、栽培季节

羊肚菌属于中低温型食用菌，不同地区的栽培季节要根据当地气候变化做适当调整。播种期选择最高气温低于25℃时，土壤温度下降到20℃以下，稳定在10～18℃期间。我国不同地域温度差异较大，羊肚菌播种时间一定要根据当地具体的气候变化来安排。高海拔地区需要根据当地温度情况提前播种，出菇时间较平原、丘陵地区有所推迟，周期较长；相反，低海拔地区需要根据当地温度情况推迟播种，出菇时间较海拔相对高的地区有所提前，周期缩短。

播种后1周左右，当羊肚菌菌丝长满土壤表面时，开始摆放营养袋。摆放营养袋20d左右，菌丝长满营养袋。随着温度逐渐走低，转入低温保育阶段。到翌年立春之后，气温逐渐回升，当环境温度升至4～8℃时撤去营养袋，进行催菇处理。催菇后温度继续回暖，7～10d将发生原基，地温6～12℃是最佳长菇季节，一般在4月中旬生产结束，长菇期1个多月。贵州区域，播种期一般安排在10月下旬至12月上旬，出菇期为次年2月至3月底。

以贵州中部地区为例，栽培季节通常在每年的11月上旬至11月底，早不要提前至10月下旬，迟不要超过12月中旬，这时最高气温低于25℃，土壤温度已经下降到20℃以下，开始进行播种；播种一周左右，菌丝长满土层表面，开始摆放营养袋提供菌丝生长所需营养；摆放营养袋一月以后，约12月底，菌丝将长满营养袋；随着温度逐渐走低，转入低温保育阶段，在出菇前 20d，约第二年 1 月中下旬进行撤袋。在生产中，一些种植户为省工不撤离营养袋，留置营养袋的土面不出菇，影响有效出菇面积；同时，在出菇期，营养袋与土壤之间往往成为害虫躲藏与病虫害滋生的场所。当次年开春约 1 月底至 2 月上旬，温度回升到 4～8℃时，开始催菇处理，地温在 8～12℃是最佳出菇季节。通常第一茬原基在 2 月中旬形成，此时环境温度变化较大，温度较低，适当做好保温保育工作，避免原基夭折，第二茬原基在 2 月底至 3 月初前后形成，4 月上旬结束出菇。不同地域因温度差异较大，以及每年的大气候也会有所不同，因此，生产环节上并不限定于此，应根据当年当地的气候变化来安排羊肚菌生产农事活动。

二、种植基地选择

羊肚菌种植基地应该选择地势平坦、接近水源、水质好、避风向阳、交通方便、排水良好的地点。

（一）水源

栽培场地要求有充足的水源和良好的水质保证，要高度重视水质情况。能够使用饮用水用于羊肚菌栽培最好，地下井水、山泉水也可以；自然河渠流水、水库或塘堰水等水源，要检查是否被污染，尤其是上游有工厂、城镇、居民聚居区的河渠流水，很容易被工业和生活污水污染，污染水不能用于羊肚菌生产。水源离栽培地块要更近，距离太远输水成本提高，无法保证及时用水。数量上必须保证在冬季、春季水量达到 10～20t/亩。要求供水设施完善，包括供水水泵、管道、喷头等，最好每个棚的供水管安装水闸，能够单独控制水量大小。

栽培羊肚菌的田块还必须排水方便，不积水，不要选择高山、丘陵山沟容易水淹的低洼地块。春天雨水太多，因此要保证能够及时排水，否则可能导致大面积绝收。

根据生产实践，在湖泊、河流、水库或塘堰等水源周边种植羊肚菌，由于水面发挥调节水温、增大空气湿度的作用，羊肚菌种植容易成功并获得高产（图5-1）。

图5-1　2015年贵州农科院土肥所在贵阳啊哈水库边种植的羊肚菌

（二）土壤

按照质地划分，土壤可分为沙土、黏土和壤土三大类（图5-2）。沙土质地松散、粗粒多，通透性好，但土壤养分含量少，不利于保水保肥；黏土的有机质含量高，保水、保肥性能强，养分不易流失，但通透性能差；壤土的通透性、保水保肥能力以及潜在养分含量介于沙土和黏土之间，是羊肚菌栽培的最适宜土壤。

图5-2　土壤（左图为沙土，中图为壤土，右图为黏土）（肖厚军　供图）

一般来讲，农作物长势较好的土壤都可以用于栽培羊肚菌。但必须检测土壤 pH，栽培土壤的 pH 以 6.5～7.5 为宜，pH 低于6，可在大田适量撒生石灰、草木灰等进行调节；pH 高于 8.5 的土壤不适宜栽培羊肚菌，否则风险太大。沙土、黏土和壤土栽培羊肚菌，其栽培管理尤其是水分管理存在较大的差异。对于沙土，通透性好，但是养分少、保水性差。这样的土壤栽培羊肚菌，即使漫灌也不会造成水菇；但由于水分易挥发，需要多次进行水分管理，特别在原基分化期和幼菇期，若水分管理时水珠落到原基和幼菇上，容易伤害羊肚菌，影响其发育。因此，一定要采用雾化水进行补水管理，避免多次水分管理对羊肚菌原基和幼菇造成伤害。此外，由于沙质土养分少，可适当增加营养袋的使用数量以提高羊肚菌的产量。对于黏土，虽然有机质多，保水性好，但由于通透性差，在水分管理时不宜漫灌和沟内长时间积水，而应少量多次喷灌，使水分缓慢渗透到土壤中。漫灌和长时间沟内灌水，容易造成土壤中缺乏氧气，羊肚菌菌丝细弱，从而造成水菇。黏土由于有机质高，科学管理容易获得高产；由于保水性好，可大大减少水分管理的次数，如调好土壤水分后播种，覆盖黑色地膜，基本上到催菇时不会出现土壤缺水的情况，还能控制和减少杂草产生。催菇宜采取微喷的方式，避免出现水菇。壤土介于沙土和黏土之间，兼顾二者的优点，为最适合栽培羊肚菌的土壤，管理方便，易获高产。

（三）其他应注意的问题

羊肚菌栽培场地选择蔬菜大棚可以获得理想产量，也可以是水稻田、旱地、果园、林地、荒地、轮作地等。栽培地块要求平整，坡地其田面坡度要求不超过 5°。山区陡峭的坡地需要沿等高线方向开厢，不要垂直于等高线顺坡方向开厢。栽培场地最好能够避风，特别是不要正对当地微地形的风口。要求背风向阳，地势比较开阔。基地需要有方便的交通条件，距离公路干道要近，基地内部小路最好是硬化的道路。上百亩的种植基地田间最好有网格状的硬化道路。因为有大量的物资需要搬运，车辆运输更便捷，而人工运送成本则高得多（图5-3、图5-4）。

图5-3　2019—2020年黔西县甘棠镇羊肚菌种植基地734个大棚
（杨杰仲　供图）

图5-4　2019—2020年黔西县中建乡羊肚菌种植基地448个大棚
（赵军　供图）

另外，选择基地时，要了解前茬作物是否使用除草剂、杀菌剂，前茬作物最好不使用除草剂、杀菌剂；还要查看前茬作物的长势、是否发病等，如果长势弱、病害严重的地块，最好不要用来种植羊肚菌，如镰刀菌，不仅危害羊肚菌，也危害其他作物。

三、高效栽培技术

（一）物资准备

羊肚菌栽培必须提前准备各种生产物资，包括菌种、营养袋、遮阳网、架材、黑色地膜、喷灌系统、耕作机械等。按照 1 亩地栽培面积计算，物资准备如下。

1. 菌种

购买或自制，可用菌袋或菌种瓶，一般一亩地需要容积 460mL 的菌种 500 ～ 600 瓶，容积 1 100mL 的菌种 200 ～ 250 瓶，换算成菌种净重 150 ～ 200kg/亩。

2. 营养袋

购买或自制，菌袋规格 12cm×24cm，净重 400g±20g/袋，需营养袋 2 000 ～ 2 200 袋/亩。

3. 遮阳网

目前还没有国家标准，仅有工业与信息化部发布的行业标准《塑料经编遮阳网》（QB/T 2000—2017），也没有查到地方标准。该行业标准属推荐性标准，所以市场上遮阳网质量选择参数很乱，常常使用户茫然而不知怎么选择。一些不良生产商以次充好，搞乱市场，获取不应所得，往往给羊肚菌种植者造成损失。根据《塑料经编遮阳网》（QB/T 2000—2017）规定，选择遮阳网是依据遮光率来选择的，而非"4 针或 6 针、3 针加密"等标准来选购遮阳网，以针数来选择遮阳网极不靠谱，以遮光率来选用遮阳网才科学、才有依据，见表 5-1。

表 5-1 遮阳网遮光率指标表

项目	分类	指标				
		45%	50%	65%	80%	90%
遮光率 S/%	针织 Z	35≤S<50	50≤S<65	65≤S<80	80≤S<90	S≥90
	平织 P					

注：摘自行业标准《QB/T 2000—2017 塑料经编遮阳网》。

根据生产实践，在黔中地区选用遮光率为 80% 的遮阳网，即实际遮光率为 80% ～ 90% 的遮阳网即可。各地选用遮阳网时，要根据当地光照强度合理选择遮阳网密度（图 5-5）。

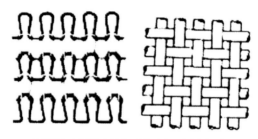

图 5-5　遮阳网（左图为针织遮阳网，右图为平织遮阳网）

遮阳网的宽窄幅度可以根据使用情况向生产厂家订制，平棚比蔬菜大棚使用遮阳网数量要少些，每亩成本约 800 ～ 1 200 元/亩，使用年限 3 ～ 5 年。绿色膜、黑色膜、保温棉大棚不能种植羊肚菌（图 5-6、图 5-7）。

图 5-6　绿色膜大棚羊肚菌的生长情况（杜彩　供图）

图 5-7　黑色膜、保温棉大棚不能种植羊肚菌

4. 架材

大竹竿、木棒、水泥柱等。立柱可用直径 6 ～ 10cm 的大竹竿、木棒，长度为 3m，插入地下 0.5 ～ 0.6m，地面高度为 2.5m，兼顾结实、操作方便以及散热；柱间距为 3 ～ 4m，在田间均匀分布，总数量为 40 ～ 50 根/亩；（8 ～ 10）cm ×（8 ～ 10）cm 的水泥柱，间距为 6m，数量为 25 ～ 30 根。

5. 尖木桩（平棚）

直径 10cm 左右，长度 0.4 ～ 0.5m，用于固定棚架，需要数量 40 ～ 50 个/亩。

6. 铁丝（平棚）

直径 2 ～ 3mm 铁丝或钢索，用于棚架顶端方格网的拉线，棚架四周的固定斜拉线；直径 0.5mm 铁丝或钢索总长度 400 ～ 500m/亩。

7. 黑色地膜

幅宽 0.9 ～ 1.1m，需 500 ～ 600m/亩，购买成本 40 ～ 80 元/亩。

8. 喷灌系统

潜水泵 1 台，主水管 10 ～ 20m/亩，喷水带或软管 200 ～ 400m/亩，开关 10 ～ 20 个 / 亩。

9. 耕作机械

旋耕机、培土机各 1 台，购买或租用。如果基地规模比较大，视情况增加。

10. 其他工具

包括运输车辆、锄头、铁锹、喷雾器、塑料盆、温湿度表、土温表、pH 表等（图 5-8 至图 5-10）。

图 5-8　温湿度表

厢面温度

土壤温度

图 5-9　土温表

图 5-10　湿度和 pH 表

（二）整地开厢

选好羊肚菌种植地块后，先要清除杂草、作物秸秆及其他残留物。采用手工或机械清除，羊肚菌种植地绝不能使用除草剂喷洒除草。前茬未耕种的土地应提前多翻耕几次，太阳暴晒消毒，播种前再旋耕松土。7—8 月大棚空闲时，密闭大棚高温闷棚，棚温可达 60 ～ 70℃，维持 15d 以上，杀灭病菌、虫卵以及杂草。稻田应在不影响水稻生长的情况下提前排水，四周开挖排水沟，沟的深度要求在 30cm 以上，地下水明显或排水不畅的转角沟的深度应超过 50cm。比较大的田块在中央要开十字沟，沟的深度在 30cm以上（图 5-11）。

大季作物收割后应及时翻耕疏松土壤。pH<6 的土壤需要在土表用生石灰进行消毒处理，生石灰的用量为 50 ～ 100kg/亩，均匀

地将生石灰撒在地面，然后用旋耕机翻耕，使石灰与表层土壤混合均匀。整地一般用大型或小型的旋耕机翻耕耙细土壤 1 ～ 2 次，将土块破碎成小于 5cm 的细土，如图 5-12 所示。

图 5-11　黔西县羊肚菌种植基地清除大棚作物秸秆（杨杰仲　供图）

图 5-12　耕地

已经碎细的土壤，播种前 1 ～ 2d，浇一次透水，待土壤不黏后再深耕 25 ～ 30cm；平整土地后，在田中画线开厢。在田块的两侧拉线，将拉线固定，用石灰画线。将走道内的土壤翻到厢面上，走道中央留 2/3 左右的土壤用于播种以后的覆土。厢面宽度一般要求为 0.6 ～ 0.8m，建议不要开成 1.0 ～ 1.2m，尽量增加边缘的长度，发挥羊肚菌出菇的边际优势。走道的宽度为 0.3 ～ 0.5m。将 1 亩的田块设为理想的形状，长 30m，宽 22.2m。

按照 0.7m 厢宽 + 0.4m 沟宽计算，每亩的有效播种面积为：

厢宽 0.7m/条 × 20 条/亩 × 厢长 0.3m = 420m²/亩；

厢面长边的边长为：2 × 厢长 30m × 20 条/亩 = 1 200m/亩。

按照 0.8m 厢宽 + 0.4m 沟宽计算，每亩的有效播种面积为：

厢宽 0.8m/条 × 18.5 条/亩 × 厢长 30m = 444m²/亩；

厢面长边的边长为：2 × 厢长 30m × 18.5 条/亩 = 1 110m/亩。

按照 0.9m 厢宽 + 0.4m 沟宽计算，每亩的有效播种面积为：

厢宽 0.9m/条 × 17 条/亩 × 厢长 30m = 459m²/亩；

厢面长边的边长为：2 × 厢长 30m × 17 条/亩 = 1 020m/亩。

按照 1.0m 厢宽 + 0.4m 沟宽计算，每亩的有效播种面积为：

厢宽 1.0m/条 × 15.8 条/亩 × 厢长 30m = 474m²/亩；

厢面长边的边长为：2 × 厢长 30m × 15.8 条/亩 = 948m/亩。

由以上计算得知，厢面越宽，有效播种面积越大，但是厢面长边的边长越短，如 0.7m 宽的厢面长边边长为 1 200m/亩，1.0m 宽的厢面长边边长仅 948m/亩，减少了 26.7%，大大降低了羊肚菌出菇的边缘效应。由此可知，厢面应该相对窄一些好（图 5-13）。

图 5-13　地面开厢

开厢时，对于地下水位较低、排水较好的地块，起低厢、挖浅沟，有利于保持水分；相反，地势低洼，地下水位较高、不易排水的地块，就得开高厢，挖深沟，利于排水。另外，如果土壤结构松散，则优选条播，机械起小沟，或人工起小沟（图 5-14）。

图 5-14　深厢沟与浅厢沟

（三）搭建遮阳棚

羊肚菌的栽培方式有：棚架栽培、无棚露地栽培、作物套种以及在林下栽培等模式。棚架栽培分温室大棚、高拱棚、中平棚、矮棚、三角棚（人字棚）等。作物套种分别与小麦、油菜、蔬菜、果树等作物套种（图 5-15）。

图 5-15　温室大棚和高拱棚出菇情况

无棚露地栽培方式可以出菇，但是产量不高，很难超过 30kg/亩。蔬菜地、药材地套种羊肚菌是一种耕作模式，但是采集子囊果时的露水很多，有些子囊果生长在蔬菜丛中不容易发现，采集麻烦，不宜推广。

林下种植是一种节约土地的好方法，可以在人工林、药材林、果树林下进行栽培。如果林木尚未成荫，林下栽培羊肚菌还必须搭建遮阳网遮阴，主要有平棚模式（高度 2～2.5m）和平棚加小拱棚模式。如果树林遮阴效果好，遮光率达 80% 以上，可以直接在林下行间搭建保温矮棚，保温保湿，有效防止风吹，没有雨水淋湿，出菇效果好，产量高，质量好（图 5-16）。

图 5-16　林下栽培羊肚菌

在温室大棚、高拱棚、中平棚、矮棚、三角棚之中（图 5-17），温室大棚当然好，但投入太高，不可能实现大面积种植。高拱棚产量比较高，保温效果好，容易保湿，管水方便，不容易被雨水淋湿，出菇产量高，但成本高，最好利用已经建成的大棚。最常见的是中平棚模式，将几十亩、几百亩地连接成一个整体的简易大棚，成本很低，操作方便，推广容易被接受。矮棚操作稍微麻烦，成本稍高，但是保温保湿效果好，容易获得高产。三角棚比中平棚投资要高，不过加上薄膜就可以作为保温大棚使用，容易获得高产。

各种棚的优缺点见表 5-2。

各种大棚采用遮阳网遮光率最好为 80% 这一档，实际遮光率在 85%～90%；不要选用遮光率 60% 的遮阳网，遮阳网过稀，不遮光，不保温，不保湿，不防雨，常常导致减产或绝收；也不要选用遮光率超过 90% 的遮阳网，光线太暗，影响原基形成和幼菇分化，从而影响羊肚菌产量。

温室大棚

高拱棚

中平棚

中平棚出菇情况

矮棚

三角棚

图 5-17 五种棚

表 5-2 常见遮阳棚优缺点比较

模式	优 点	缺 点	适合地域
温室大棚	保温、保湿效果好，提前出菇	投入大、成本高、容易发生病虫害	利用现有温室大棚
高拱棚	稳固、保温保湿，抗风雪能力较强	一次性投入较高	任何区域
中平棚	可较大面积搭建，搭建简单、成本低，方便操作	容易垮塌，抗风雪能力差，保温性能差	无大风大雪地区
矮棚或三角棚	搭建简单、快速，建棚成本低	不利于管理操作，易造成子囊果灼伤	可用于林下栽培或夏季太阳光弱的地区

（四）安装喷水设施

水分管理是羊肚菌栽培过程中最重要的工作，贯穿于羊肚菌的整个生育期。水分管理有人工和设施两种方式，小面积种植户可采用人工喷水，大面积种植户最好安装喷灌设施，设施喷水代替人工喷水，减少喷水的人工成本。人工喷水易造成土壤表面板结，土壤透气性差，对菌丝生长不利；同时，还会造成羊肚菌原基窒息死亡以及幼菇机械损伤。喷灌设施有喷水带和微喷灌设施两种，喷水带成本低，经济实惠。喷水带安装不能太长，否则影响喷水效果，最好不要超过25m。微喷灌设施雾化效果更好，水分管理效果更佳，有利于羊肚菌生长发育。

喷水设施还要求供水设施完善，包括供水泵、管道、喷头等，最好每个棚的供水管安装水闸，能够单独控制水量大小。潜水泵1台，主水管10～20m/亩，喷水带或软管200～400m/亩，开关10～20个/亩。棚内喷头安装密度，要求能够满足实现棚内土表全部能喷到，不留死角即可（图5-18）。

图 5-18   安装喷水设施（左图为喷雾喷头，右图为喷带）

（五）播种

1. 土壤预湿

播种前检测土壤水分状况。气候干燥、土壤墒情差的地方，播种前应根据土壤墒情提前进行土壤预湿，以免播种后因土壤干燥导致菌种失水，菌种复活力降低。土壤过湿播种，土壤严重缺氧，菌丝无法穿入土粒，抑制羊肚菌菌丝生长。具体操作时，土粒发白、手搓土壤无法形成土条或土条断裂，土层 15 ～ 20cm 厚含水率低于 40%，必须适当补水。可以直接用水管在厢面浇灌 1 ～ 2 次，使土壤湿润，含水率达到要求，再使表土稍微风干保持土壤耕作层湿润而不粘工具、不影响播种作业，即可播种。土壤含水量过高的地块，必须多开排水沟排水，对土壤进行暴晒。阴雨季节，排水不畅的田块，在翻耕以后必须用农膜覆盖土面，否则无法播种。

2. 播种方式及用种量

播种主要分撒播（厢播）和沟播（条播）两种方式（图 5-19），规模化栽培主要采用散播方式。菌种条播时，在厢面上顺厢以 30 ～ 40cm 的间距开 V 形沟槽，沟槽宽 10 ～ 15cm，深 8 ～ 12cm。一般一亩地需要容积 460mL 的菌种 500 ～ 600 瓶，容积 1 100mL 的菌种 200 ～ 250 瓶。

沟播方式

撒播方式

图 5-19　羊肚菌条播和散播

3. 播种

玻璃瓶、塑料瓶和菌袋包装的菌种最好先进行表面消毒处理。方法是：用 0.1% ～ 0.2% 来苏尔或新洁尔灭溶液，清洗栽培种的瓶身和瓶口、菌种袋表面、掏种工具、塑料盆，对接种人员的双手进行消毒处理。用消毒后的金属工具将菌种掏出，放在消毒后的大塑料盆中，用手将大块菌种瓣碎成细小的颗粒，但不要揉搓，尽量减少对菌丝的伤害。然后，将菌种生产单位随菌种发放的拌种剂按照每袋拌种剂 50g，兑水 25kg 后，均匀拌入菌种中。一般 50 瓶菌种加水 1 ～ 2 瓶，运送到大田，进行撒播或沟播，如图 5-20 所示。

羊肚菌栽培种   钩种

拌拌种剂   播种

图 5-20　菌种准备及播种

拌种剂的配方为：0.1% ～ 0.15% 硫酸镁、0.01% ～ 0.05% 磷酸二氢钾、0.01% ～ 0.02% 磷酸氢二钾、0.001% ～ 0.002% 硫酸锌、0.001% ～ 0.002% 硫酸亚铁等，有的配方中还加入 0.1% ～ 0.5% 的葡萄糖。

大规模栽培羊肚菌，控制菌种的用量非常重要，准确量取已经备好的菌种，计算并试播一瓶或一袋菌种的播种面积或 1m²、1 亩地的菌种用量，通过几次试验确定下来，并让专人负责播种工作，且定时对播种人员的用种量进行检测，随时控制用种数量。多年来，特别是 100 亩以上面积的栽培基地，由于没有注意控制菌种用量，常常导致前期菌种用量过大，后期菌种用量吃紧，甚至还出现了数亩地搭了棚架没有菌种使用的现象。

播种要特别注意：菌种处理后要尽快播种，播种后要尽快覆土，确保菌种活力，否则会造成菌种块失水而导致活力下降，引起萌发慢和菌丝长势弱。

4.覆土

播种以后要立即进行覆土。大面积栽培，播种后最多不超过1h 就要覆土，否则菌种容易被吹干，导致菌丝体生长缓慢或死亡。厢播，覆土用走道内的土壤，覆土厚 2～3cm。覆土的方法：可采用人工覆土，疏松较细的土壤也可采用开沟机翻土，将走道内的土壤翻到厢面上，均匀分布，如图 5-21 所示。沟播，用厢面上沟脊的土回填平沟槽即可。覆土要求厚薄均匀、厢面平整、不露菌种，或将厢面做成梳背形。

图 5-21　人工覆土和机械覆土

如果播种期间阴雨连绵，土壤湿度过大，把菌种撒在厢面以后，应该采用干客土覆盖，不要采用原田的湿土覆盖。客土覆盖，采挖山坡上干燥的沙土，运送到湿田中进行覆盖，效果较好。气候干燥少雨、光照强烈的地区，杂草很少的地块，可在播种后少量撒播一些小麦。出菇时可起到保湿、遮阳、减少菇体灼伤的作用。

（六）摆放营养袋

营养袋是羊肚菌栽培的必需环节，不摆营养袋一般不会出菇或产量很低。营养袋的主要成分是小麦和谷壳并添加少量其他物质。其主要作用是促进菌丝生长，扭结形成菌核，是羊肚菌商业化栽培必不可缺的重要环节。营养袋可以与菌种一起购买，也可以自己生产，制备方法见第四章。

1. 摆袋时间

羊肚菌播种后，土壤表面形成白色菌霜就可以摆放营养袋。一般六妹 7～10d，梯棱 10～15d，七妹 7～10d。这时，播种到土壤中的菌种块已经萌发，菌丝开始蔓延，土壤中初步形成了羊肚菌菌丝网络。这一阶段羊肚菌主要吸收利用的是土壤中和菌种体里面残存的养分。将营养袋施加到土壤中，与已经形成的羊肚菌菌丝网络接触，羊肚菌菌丝逐渐蔓延进入营养袋，充分利用袋内的营养生长，并将菌丝内积累的养分回传到土壤中的菌丝网络中，大大增加菌丝网络的菌丝量和菌核中储存的营养，进而后期源源不断地供给羊肚菌原基分化和幼菇发育使用，从而保证羊肚菌栽培的稳产和高产。

2. 摆袋数量

摆袋数量见第四章：营养袋用量。一般每亩用量为 2 000～2 200 袋；每袋重量 400g±20g。呈品字形按压贴紧土壤表面，料袋间隔 20～30cm，行距 30～40cm，密度 5 个/m² 左右。营养袋的质量和数量将直接影响羊肚菌的产量，种植户务必要从实力强、经验丰富的单位采购营养袋。

3. 摆袋方式

摆袋时，对营养袋有三种常用的处理方式：打孔、小刀划 2 条平行的小口、环割菌袋膜。相比较，用打孔器在营养袋上打孔效果优于另外两种方式，见表 5-3。方法是：先用手把营养袋捏

松，再用排式打孔器在营养袋上选一面拍 3 ~ 5 次，然后将打孔
一面，呈品字形按压贴紧土壤表面（图 5-22）。

表 5-3 三种营养袋摆放方法比较

营养袋刺孔或划口	摆放方式	优缺点
把营养袋一侧用打孔器打孔	将料袋打孔的一侧平放在地面，与土壤接触，稍压实	此法操作便捷，料袋孔口小，培养料不容易散落在土面
将营养袋一侧用小刀划 2 条平行的小口，长度为 5 ~ 8cm	不要划十字口，把破的一侧与土壤接触，稍微压实	此方法容易把菌袋完全划破，培养料容易撒落在厢面，引起污染
将营养袋封口一侧菌袋膜用剪刀或刀片环割开，露出培养料	把露出的一侧与土壤接触，使料袋倒放直立在地面上	此方法比较费工，培养料容易撒落在厢面，造成污染

平行   垂直   平行＋垂直

图 5-22 三种营养袋摆放方式

图 5-22 是三种营养袋摆放方式示意图，三种方式中营养袋摆
袋位置为平行＋垂直的产量最高，较目前生产中转化袋的传统摆
放位置（平行）的产量提高 10% 以上。

排式打孔器的制作方法：在一块 1cm 厚左右的木板上用
20 ~ 30mm 的铁钉钉穿木板，数量为 5 颗 ×（3 ~ 5）排，共
15 ~ 25 颗铁钉，铁钉顶帽一侧还可以另外再加一块木板，防止铁
钉松落（图 5-23）。

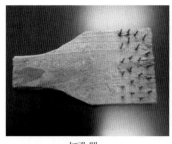

打孔器　　　　　　　　　　　营养袋

摆放营养袋前　　　　　　　　摆放营养袋

图 5-23　摆放营养袋

4. 撤除营养袋

营养袋在大田摆放 40 ～ 45d 后取走，最迟在大面积出菇前撤除，能够最大限度提高出菇面积及控制土壤病虫害的发生。撤出后的营养袋可以用于堆沤发酵制作有机肥。在贵州，有很多羊肚菌种植者不取走营养袋，这一做法有带来杂菌污染和虫害的风险，特别是阴雨高湿的 3 月份，滋生很快的链孢霉等霉菌污染容易发生，这样的营养袋要及时取出处理，不要让杂菌菌丝在厢面蔓延，早期发现杂菌污染严重的营养袋要及时取走更换；同时，营养袋内会发生大量的跳虫、线虫、菌蚊、菌蝇等害虫（图 5-24）。

营养袋下面空间湿度大，料袋内营养丰富，会大量生长密集的黄褐色的羊肚菌菌丝体，取走料袋以后，这些菌丝体被吹干以后就倒伏在原来的位置。菌丝体的颜色由原来的黄褐色变为棕褐色、红褐色，密集的菌丝体还容易形成菌皮，这些都是正常的现象。

图 5-24　营养袋取走后的地面照片

实践中经常发现有的种植户所使用的营养袋小麦用量不足、杂菌污染严重，甚至还有小麦发芽等问题，这些都是营养袋质量不合格导致的，广大种植户务必引起高度重视（图 5-25）。

图 5-25　不合格营养袋

（七）覆盖黑色地膜

1. 膜的选用

覆膜是指羊肚菌播种后在厢面直接覆盖黑色微膜或起小拱棚覆盖黑膜或白色薄膜的过程。黑色膜是在聚乙烯树脂中加入 2% ～ 3% 的炭黑，经挤压吹塑加工而成，地膜厚度 0.006 ～ 0.008mm。黑色地膜透光率 1% ～ 3%，热辐射 30% ～ 40%。由于它几乎不透光，阳光大部分被膜吸收，膜下杂草不能发芽和进行光合作用，因缺光黄化而死，灭草率可达 100%，除草、保湿效果好。黑色地膜在阳光照射下，本身增温快、湿度高，但传给土壤的热量较少，故增温作用不如透明膜，一般可使土温升高 1 ～ 3℃。目前，羊肚菌的人工栽培选用较多的是黑色地膜，经济实惠，效果好。

2. 覆膜操作

首先在田地翻耕时按种植要求起厢，地膜宽度与厢面宽度匹配，地膜宽度多于厢面 10cm 左右为宜，如厢宽为 80cm，地膜宽度宜为 90cm 左右。土地翻耕完毕，按照播种要求控制土壤水分，播种并覆土，随即进行地膜的覆盖，人工覆膜或借助于铺膜机覆膜。人工铺膜时 3 人一组，1 人将地膜卷打开并拉紧铺于厢面上，2 个人随后执铁锹，将沟内的土壤铲起压于地膜两边，每隔 50cm 压一个土块，确保地膜不被大风吹开的情况下预留一定的通风口，如图 5-26 所示。

正常情况下，播种并覆盖地膜之后，1d 后即可观察到菌丝从菌种上萌发，3d 左右即可萌发交连在一起，可以观察到土壤表面或土壤缝隙内有纤细的菌丝存在。按照生产安排，播种后 7 ～ 10d 即可摆放营养袋。摆放营养袋时，首先将地膜的一边土块掀掉，再将地膜掀开至另一边，然后将营养袋按照技术要求摆放在厢面上，随后再将地膜拉回，按照原样压上土块，转入养菌中期管理阶段。

图 5-26 覆黑色地膜或搭建小拱棚（赵恩学 供图）

菌丝将在地膜下面茁壮生长，并延伸进营养袋吸收袋内的营养物质。如果环境条件不适，遭受长时间的干旱，地膜下面仍旧会面临着水分偏低的情况，这时候可以喷灌浇水，水分会随着蒸腾作用转移至地膜下面，达到养菌的水分要求。待第二年春天来临，温度回升之后，转入催菇阶段。按照出菇前20d进行揭膜处理，催菇。

一般不要在厢面覆盖稻草、草帘、树枝、腐殖土、木屑、松针等材料。这些材料的使用首先费工、费力，会大大提高成本，更严重的是容易带来大量杂菌和虫害。

3. 覆膜的优点

（1）抑制杂草。

贵州、四川、湖北等地区的羊肚菌大田栽培一般在水稻田里进行，随着春天的临近，大田里的杂草也迅猛生长，到羊肚菌出菇季节时，杂草已生长茂密，不仅为蛞蝓、蜗牛等害虫提供了栖息环境，而且因通风、光线等影响，致使羊肚菌在杂草中生长畸形，菌柄伸长、菇脚大、商品性变差；杂草丛生也易造成高温高湿的环境，使羊肚菌遭受细菌、真菌病害的危害，同时增加了采收难度（图5-27）。

羊肚菌菌丝的发育不需要光线，强光抑制菌丝的发育。为此，栽培技术上使用黑色遮阳网大棚，厢面上覆盖黑色地膜，羊肚菌的菌丝在偏黑暗的环境下具有发菌速度快、菌丝浓密、健壮的特点。使用黑色地膜之后，可以有效地规避光线对羊肚菌菌丝的抑制；同时，杂草在黑色地膜阻挡光线的条件下，不能合成叶绿素，从而抑制杂草丛生。

草丛中的幼菇　　　　　　　　　　拔草伤菇

出菇初期的杂草　　　　　　　　　出菇后期的杂草

图 5-27　不覆膜的杂草生长情况

（2）保湿防涝。羊肚菌和其他食用菌一样，对基料水分要求比较敏感。由于羊肚菌的种植过程是在田间完成的，整个生产过程有近一半时间属于发菌管理阶段。该阶段的土壤水分控制，对菌丝的生长发育有重要影响，发菌的好坏最终直接影响产量高低。大棚栽培，覆膜可以减少土壤水分流失，促进羊肚菌菌丝的正常发育，极大地减少喷水次数，从而减少人工投入。在贵州，秋冬季节雨量较多，特殊年份常伴有长时间连绵阴雨天气，造成土壤水分偏大。特别是稻田中平棚栽培羊肚菌，降雨使土壤水分过多，导致菌种腐烂不萌发、土壤内氧含量不足而使菌丝发育受阻等情况发生，厢面覆膜，雨水可以顺着地膜流在沟内排走，即便是连绵阴雨天气也不会对厢面上的菌丝造成大的伤害（图 5-28）。

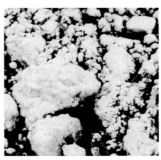

图 5-28 土壤湿度大分生孢子过多

（3）**节本增效**。覆膜栽培可以有效减少厢面的水分散失，稻田栽培羊肚菌，如果播种时水分浇足，菌丝生长阶段基本上不补水，大大地减少补水的劳动和费用支出，即便倒棚也不用担心干旱或湿度过大等情况。待到需要撤营养袋时撤掉薄膜，节约管理成本。据测量，覆盖地膜可增温 1 ~ 4℃，有助于羊肚菌菌丝在秋冬低温季节的生长，促进菌丝发育，提早出菇。覆膜后的羊肚菌菌丝不受外界干扰，菌丝不仅活力好且密度大，由此在营养袋放置后菌丝可迅速吸收利用营养袋营养物质，生物代谢效率得以提升。另外，覆膜可以营造相对的厌氧环境，确保土壤水分相对恒定，使无性孢子的产生量控制在较小范围内。覆膜栽培羊肚菌，减少补水的劳动和费用支出，提高营养代谢效率，降低无性孢子产生的能量消耗，既提高产量又降低成本。

4. 覆膜栽培羊肚菌应注意的问题

虽然覆膜栽培羊肚菌具有许多优点，但在操作过程中必须注意以下问题：

（1）**温度控制**。覆膜之后，特别是在未进行遮阳网搭建之前，太阳光照射黑色地膜，增温效果显著，实测可高于环境温度 3 ~ 5℃。当播种后遇到长时间晴朗高温天气时，容易造成地膜下面局部的高温高湿，导致杂菌发生影响羊肚菌菌丝的活力。因此，一般要选择打孔地膜。使用覆膜技术时，播种时间可延迟常规栽培 15 ~ 20d，并及早进行遮阳网的搭建，避免不良后果。

（2）**通风处理**。覆膜给厢面营造了一个相对封闭的环境，地膜两侧按照 0.5m 间隔压土块，正常情况下不会发生明显的缺氧问题。但若播种时土壤含水量偏大，播种后长时间连绵阴雨天气等，造成厢面湿度偏高时，容易导致菌丝发菌差或菌种不萌发、菌丝纤细等情况，可以采取先不覆膜或进行揭膜透气等操作进行调整，待菌丝活力恢复、土壤含水量合适时，再进行覆膜操作。

（3）**揭膜时间把握**。最佳的揭膜时间通常需要控制在营养袋摆放后 40 ～ 45d，按照出菇前 20d 进行三结合操作：揭走地膜、撤除营养袋，喷重水催菇。催菇时要加强通风、保温、保湿等操作。如遇原基或幼菇已经在地膜下面形成，揭膜应缓慢进行，避免突然揭膜造成温差、空气湿度变化，引起原基或幼菇夭折。可行的操作是先在薄膜上开孔，逐渐适应膜外大环境 3 ～ 5d后，再完全撤去地膜或增加小拱棚进行保温保湿。整个操作过程要注意水分和空气湿度控制，确保空气湿度达到 75% ～ 80%（图 5-29）。

图 5-29　羊肚菌覆膜栽培

（八）菌丝生长阶段的管理

播种后到出菇前的管理主要是菌丝生长管理，即发菌管理。在贵州，一般是 11 月到次年的 1 月底至 2 月初。这个阶段的目标是让羊肚菌菌丝体大量繁殖，使羊肚菌菌丝体能够长满 20cm 厚的表土层。菌丝体吸收、积累各种营养物质，储存在菌丝体内，为

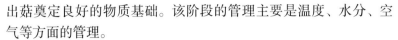

出菇奠定良好的物质基础。该阶段的管理主要是温度、水分、空气等方面的管理。

1. 温度控制

羊肚菌菌丝体生长温度3～25℃，最适温度15～20℃，低于3℃或高于28℃停止生长，30℃以上菌丝体生长受阻，甚至死亡。菌丝在地温（地表5cm厚土层温度）10～20℃时可以快速生长。温度超过25℃之后，菌丝长速过快，营养供给满足不了菌丝生长的需求，表现为菌丝纤细无力；低于10℃虽然也可以生长，但速度明显降低。

搭建小拱棚或土壤覆盖地膜、地膜上再覆盖遮阳网的方式，一般不需要特定的温度管理。但是，如果播种早或气温高，造成膜下或棚内厢面近地表面长时间温度高于25℃，要及时掀膜通风降温。此外，对于黏土、地膜覆盖较严的壤土，也可在地膜上每隔30cm左右打一个孔，孔径1～2cm，这样就避免了温度过高、湿度过大等对发菌的危害。

2. 土壤水分管理

土壤含水量和土壤的透气性与溶氧量相关。湿度大，通气性差，氧含量降低，影响菌丝生长发育。同时，菌丝的生长需要一定的水分，确保菌丝分泌的各种酶类在溶融状态下降解环境中的营养成分，因此湿度偏低，同样不利于菌丝的生长发育。在种植环节，播种时，15～20cm厚土壤含水量应达到40%～45%，通常可以用手抓一把土进行土壤含水量的判断：用力捏可以成团，但不出水或手上无明显的水印，土团丢地即散为宜。播种之后，摆营养袋时，应喷重水使土壤含水量达到45%～50%；此后的菌丝体生长阶段，土壤含水量应略低于摆营养袋时土壤含水量，控制在40%～45%；催菇时，喷重水使土壤含水量达到45%～50%；随后的原基形成和子囊果发育阶段，土壤含水量应控制在40%～45%。

通常情况下，如果播种环节的土壤含水量合适，播种后厢面土壤表面一直覆盖着地膜，在催菇前一般不需要特定的水分管理。

但保水性较差的沙土，播种前浇水较少的壤土，覆盖地膜压土块过稀等原因，可能会造成土壤缺水。对于缺水的土壤，可采取往沟内灌水、揭开覆膜往厢面土壤微喷补水，或不揭膜直接往覆盖薄膜上喷水，使水分流到沟内慢慢渗入土壤。在贵州，每年的秋冬季节，常伴有连绵阴雨天气。使用地膜技术可以有效地抵抗连绵阴雨天气，同时应做好田间的排水渠，及时排走积水。另外，可以增加棚内的通风，降低空气湿度。

3. 空气湿度管理

大田栽培时，菌丝生长阶段，空气湿度应保持在 60% ～ 70%，如果使用地膜技术，则不用考虑环境中的空气湿度问题。当冬季结束，春季地温逐渐回升至 6 ～ 10℃，增大空气湿度至 70% ～ 80%，土壤含水量 40% ～ 45%，散射光照射，昼夜温差大于 10℃，进行催菇管理。原基形成和子囊果发育阶段，要将空气湿度稳定在 70% ～ 80%，避免空气干燥对幼嫩子囊果造成损伤。

（九）催菇

催菇是羊肚菌由营养生长向生殖生长转化的关键环节，也是一个要求比较高的技术步骤。催菇的目的是人为创造各种不利于羊肚菌继续营养生长的外部条件，使其在生理层面发生改变，进而从营养生长转向生殖生长。这里的操作条件包括营养、光线、温度、水分、湿度等刺激。

1. 营养刺激

通过移除营养袋，断供外来营养实现营养刺激。营养袋的主要作用是促进菌丝生长，扭结形成菌核，储存养分，以供羊肚菌原基分化和幼菇发育使用，从而保证羊肚菌栽培的稳产和高产。可行的操作是，出菇前 15 ～ 25d 移除营养袋。

2. 光线刺激

羊肚菌菌丝生长阶段不需要光线，短时间的光线刺激利于菌核形成；微弱的散射光有助于诱发原基形成和羊肚菌子囊果的生长发育。在使用地膜技术之后，前期营养生长阶段的黑暗环境，在突然遭受揭膜操作后暴露在一定强度的光照下，有助于菌丝分化形成原基。

3. 温度刺激

原基发育温度为地温 8 ～ 12℃，低于 8℃或高于 18℃不再形成原基。野生环境下，10℃左右的昼夜温差，有助于羊肚菌生殖生长的发生。为此，催菇的温度调控具体操作是：白天封闭大棚增温，确保地温达到出菇所需的临界温度 8 ～ 12℃，至少保持 4 ～ 5d 的时间，晚间掀开大棚通风降温，加大温差，刺激出菇。

4. 水分刺激

催菇阶段要求土壤含水量要达到 45% ～ 50%，比菌丝体生长阶段对土壤含水量 40% ～ 45% 的要高。水分刺激是使羊肚菌由营养生长转向生殖生长的常用做法，也是自然界大型真菌出菇的重要因素。水分可以冲刷真菌分泌的各种酶类物质，还可以造成真菌菌丝内渗透压的改变；同时，水分也是菌丝转向生殖生长所需要湿润环境的重要保证。具体做法是三结合：揭去地膜、撤除营养袋之后，喷重水操作，最好用微喷或喷灌的方式，喷至 15 ～ 20cm 耕作层湿透，必要的情况下，可进行 2 ～ 3 遍的喷水操作，促使厢面分生孢子消退，随后几天根据土壤湿度情况适当喷水，维持土壤表层湿润。经过 7 ～ 8d 时间，土壤表面就会生长大量原基（图 5-30）。早期有沿沟进行漫灌的催菇方法，漫灌时间控制在 24h 以内，随后及时排走积水，同样能起到很好的催菇效果。

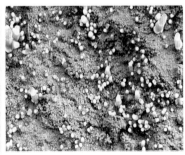

图 5-30　原基大量形成，幼菇开始分化

5. 湿度控制

湿度控制包括土壤含水量和空气湿度。经重水刺激之后，水分渗透到整个耕作层，控制土壤水分保持在 40% ～ 45%，必要时进行微喷补水。空气湿度在催菇及原基形成和子囊果发育阶段要控制在 85% ～ 95%，比发菌阶段不盖地膜对空气湿度 70% ～ 80% 的要求要高，避免原基形成之后，因空气湿度不够失水萎蔫。

（十）出菇管理

1. 原基分化期管理

喷催菇水后 7 ～ 8d 会大量出现原基，原基形成后 7 ～ 10d 可增高至 1 ～ 2cm，菌柄和菌盖分化明显，可初见菌盖雏形。此时，维持土壤湿度 40% ～ 45%，适宜空气相对湿度 70% ～ 80%，最佳生长发育温度 12 ～ 20℃，散射光照。该阶段以雾化喷水调节空气相对湿度和土壤湿度，水量宜小不宜大，可通过少量多次的方法进行调控。综合采用大棚外围喷雾、侧窗通风等措施，调节好羊肚菌原基分化对温度、湿度、空气和光照的需求，做好原基分化期间的管理（图 5-31）。

图 5-31　原基分化期

2. 幼菇期管理

随着原基不断膨大，逐渐发育形成幼菇，菌盖和菌柄分化明显，菌盖颜色逐渐加深，菌柄基部逐渐隆起加厚，出现凹坑。幼菇发育阶段已经可以抵御一定的恶劣环境条件。要适当加大通风量，减少畸形菇的发生；要尽量少浇水，以短时间喷雾为主；棚内气温控制在20℃以下，厢面土壤10cm左右厚的温度在9～12℃，空气相对湿度保持在70%～80%，最适于幼菇的生长。防止出现高温和高湿，减少羊肚菌病害发生。

幼菇期的通风管理尤为重要，以进棚后感觉呼吸畅快、清爽为宜；若出现"闷"的感觉，则是氧气不足，需增加通风。开始羊肚菌的菌柄菌盖长度相等，随着持续生长发育，菌盖长度要明显长于菌柄长度。当发现菌盖长度明显低于菌柄时，其原因很可能就是棚内氧气不足，需要增加通风量。为了规避通风造成棚内温度的大幅度变化，可在中午温度较高时适度通风。通风的同时要密切关注棚内的空气湿度变化，当子囊果表面明显粗糙干燥、顶部有收缩时，或地表有轻微裂缝，则表明棚内空气湿度偏低了，需要通过喷雾增加空气的相对湿度，也可以在通风的同时进行雾化降温和增湿（图5-32）。

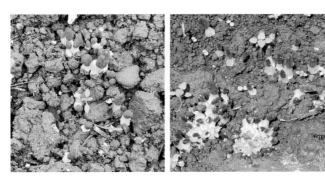

图5-32　幼菇发育阶段

3. 成菇期管理

在成菇期，要综合调节创造羊肚菌生长发育适宜的温度、湿度、空气和光照条件。棚内气温控制在20℃以下，土壤10cm左右深的温度在9～12℃。一般在中午高温时加强通风；高温时，利用外围喷雾、侧窗通风等措施降温。该阶段可放宽浇水条件，土壤缺水时可采用稍长时间喷雾补水，但避免积水。采用少量多次喷雾等方式，调控棚内空气相对湿度保持在 70% ～ 80%，防止高温高湿，减少病害的发生。正常管理下，从原基发生到羊肚菌成熟需要 25 ～ 30d，温度低，羊肚菌生长缓慢，但菌肉较厚，单个子囊果重量大；相反，温度高，菌肉较薄，单个子囊果重量小。头潮菇菌肉较厚，单个子囊果重量大；二潮、三潮菇菌肉薄，单个子囊果重量小（图 5-33）。

图 5-33　成菇期子囊果

（十一）采收

羊肚菌子囊果成熟的标志是子囊果不再增大、菌盖脊与凹坑轮廓分明、肉质厚实、有弹性，即为成熟（图 5-34）。成熟的羊肚菌子囊果须及时采摘，不然极易造成羊肚菌过熟，菇肉变薄，孢子迅速弹射，菇体倒伏，菇香降低，商品质量严重下降，烘干后成为胶片菇。采收前 1 ～ 2d，停止浇水，避免菌柄呈水浸状，提高产品品质。采摘时，在子囊果菌柄近地面，用锋利的小刀沿水平方向切割摘下，放入干净的框或篮中。采摘时保持摘菇的手干净，避免泥土沾染在子囊果特别是菌柄上，影响后期的商品性状。羊肚菌采收后，也要及时将留在土里的菌柄基部残余清理出来，集中处理。这样既有利于附近土壤发生羊肚菌新的原基，也可避免菌柄基部滋生病虫害（图 5-35）。

图 5-34　成熟的子囊果

图 5-35　采收子囊果

四、绿色栽培技术

近年来，发达国家通过提高食用菌产品质量要求，制造技术壁垒以限制进口，导致我国羊肚菌产品出口受阻。羊肚菌产品要突破出口瓶颈，必须按照绿色生产技术开展羊肚菌生产，使产品向绿色食品方向发展。贵州省农业科学院土壤肥料研究所食用菌团队，以羊肚菌重金属防控为突破口，集成羊肚菌绿色种植技术，包括栽培季节安排、种植基地选择、物资准备、整地开厢、搭建遮阳棚、安装喷水设施、播种、摆放营养袋、覆盖黑色地膜、菌丝生长管理、催菇、出菇管理、采收等生产环节技术，除种植基地选择与病虫害防治的农药使用要求更严外，其他生产环节技术同本章前述内容。种植基地选择与农药使用必须按照《绿色食品产地环境质量》（NYT 391—2013）和《绿色食品农药使用准则》（NYT 393—2013）的要求开展相关工作，羊肚菌产品必须符合《绿色食品 食用菌》（NY/T 749—2018）及《食品污染物限量》（2762—2017）规定重金属限量值的要求。

（一）种植基地选择

基地选择要求交通便利、地势平坦、靠近水源、水量充足、水质卫生、排水良好、环境清洁。周围 5km 无工业污染源，生产用水符合《生活饮用水卫生标准》（GB5749—2006）。土壤要求土质疏松、不板结，去除石块等杂物，pH 6.5 ~ 7.5。土壤选择在羊肚菌种植过程中至关重要。羊肚菌属于腐生性菌类，土壤有机质的含量直接关系到羊肚菌种植产量的高低，栽培地不宜选荒地。此外，由于重金属在土壤基质中具有良好的富集性、难降解、治理困难、易迁移、滞留久、不可逆转特性，可累积在植物体内随着食物链对人体健康产生危害。土壤积累的重金属超过生态环境部 2018 年发布的《土壤环境质量农用地土壤污染风险管控标准（试行）》（GB 15618—2018）中的土壤污染风险筛选值，就会造成土壤重金属污染。根据贵州省农产品产地土壤重金属污染防治普查项目结果显示：全省部分农产品产地土壤重金属有超标现象。为避免土壤重金属对羊肚菌子囊果的污染，最好选择没有重金属污染威胁的土地开展羊肚菌种植，否则羊肚菌产品重金属有超标的危险，详见第二章重金属污染部分。

（二）病虫害防治

羊肚菌病害主要有白霉病、镰刀菌病、细菌性病害，虫害有蛞蝓、蜗牛、跳虫、螨虫、菌蚊、线虫、多足虫、蚂蚁、老鼠等。必须坚持以"预防为主、综合防治"的原则，主要措施有：

（1）保持场地环境的清洁卫生，及时清扫废弃物。如发现污

染源，应立即清扫干净，并掩埋或焚烧，避免胡乱丢弃。

（2）土地要提前翻耕、曝晒，将杂草及杂物清理干净，并施撒生石灰，调节土壤酸碱度，起到预防控制的作用。

（3）及时剔除污染的营养袋。

（4）使用过的营养转化袋不能随意丢弃，应集中沤堆及时处理，避免孳生病虫或杂菌。

（5）避免高温高湿现象发生。

（6）土地水旱轮作或换地。

（7）播种之前，清除田块中的植物残体。

（8）用四聚乙醛颗粒与沙土混合后，人工撒在土壤表面，能够有效杀灭蛞蝓、蜗牛、多足虫等软体爬行害虫。

（9）使用黄色黏虫板防控蚜虫、白粉虱、菇蚊、菇蝇等害虫，使用蓝色的黏虫板防控蓟马，使用 Bt 杀虫剂防控双翅目虫害，在有电源的棚中悬挂诱虫灯。

（10）如果大田中老鼠危害严重，可以使用老鼠诱杀剂或者物理捕鼠装置控制鼠害。

（11）使用安全的生物农药，禁止违规使用农药、化学杀虫剂控制虫害。

第六章　羊肚菌栽培模式

根据是否使用培养料，羊肚菌栽培模式分为：有料栽培、无料栽培。大多数栽培者采用的是无料模式，即直接在翻耕后的大田中播种，不需要任何培养料。按场地分为：冬闲田栽培、旱地栽培、林下栽培、作物套种栽培等。按栽培设施分为：棚架栽培、无棚露地栽培等。棚架栽培分温室大棚、高拱棚（蔬菜大棚）、中平棚（简易高连棚）、矮棚、三角棚（人字棚）等（图6-1、表6-1）。

温室大棚

高拱棚

中棚

三角棚

图6-1　棚架栽培

表 6-1　常见栽培设施比较

模式	优　点	缺　点	适合地域
温室大棚	保温、保湿效果好，提前出菇	投入大、成本高、容易发生病虫害	利用现有温室大棚
高拱棚	稳固，保温、保湿，抗风雪能力较强	一次性投入较高	任何区域
中平棚	可较大面积搭建，搭建简单、成本低，方便操作	容易垮塌，抗风雪能力差，保温性能差	无大风大雪地区
矮棚、三角棚	搭建简单、快速，建棚成本低	不利于管理操作，易造成子囊果灼伤	可用于林下栽培或夏季太阳光弱的地区

与作物套种分为：与小麦、油菜、蔬菜、果树等作物套种；与作物轮作分为：稻—菌轮作模式、菜—菌轮作模式、稻—菜—菌模式等。本章仅介绍羊肚菌棚架栽培和林下栽培方式，并对生产上主要的羊肚菌栽培模式高拱棚、中平棚、林下栽培进行详细介绍（图 6-2 至图 6-5）。

4 月初到 10 月底　　　　　　　11 月初到次年 3 月底

图 6-2　稻—菌轮作模式

图 6-3　菜—菌轮作模式

图 6-4　套作模式

图 6-5　层架栽培模式

一、高拱棚（蔬菜大棚）栽培模式

高拱棚的优点是稳固、保温保湿，抗风、雨、雪、极端低温等自然灾害能力较强，易高产、稳产；缺点：一是一次性投入相对较高；二是面积受限；三是2—3月晴天中午易产生高温危害，在高温高湿条件下引起子囊果腐烂，特别是3月，危害严重，如图6-6所示。

图6-6　高拱棚栽培羊肚菌

高拱棚的前茬作物一般为辣椒、茄子、瓜果等蔬菜类作物，10月中下旬收获，土壤消毒后即可播种。翌年3月底羊肚菌栽培结束，4月接着种植蔬菜，有条件的地方在9—10月翻耕淹水，11月继续种植羊肚菌；也可种植蔬菜至第三年，再种植羊肚菌，即蔬菜→羊肚菌→蔬菜→水淹→羊肚菌→蔬菜，或蔬菜→羊肚菌→蔬菜（第三年）羊肚菌→蔬菜。

（一）选地与整地

羊肚菌种植基地应选择地势平坦、水源方便、土质疏松、避风向阳、交通方便、排水良好的地点，尤其对土壤和水质要求较高。壤土种植羊肚菌最好，壤土的通透性、保水保肥能力以及潜在养分含量介于沙土和黏土之间，兼顾二者的优点，管理方便，易获高产。一般来讲，农作物长势较好的土壤都可以用于栽培羊肚菌，如果 pH 低于 6，可适量在大田撒生石灰、草木灰等进行调节；pH 高于 8.5 的土壤不适宜栽培羊肚菌。能够用人饮水用于羊肚菌栽培最好，地下井水、山泉水也可以；自然河渠流水、水库或塘堰水等水源，要检查是否被污染，尤其是上游有工厂、城镇、居民聚居区的河渠流水，很容易被工业和生活污水污染，污染水不能用于羊肚菌生产。

选好羊肚菌种植地块后，先要清除杂草、作物秸秆及其他残留物，但不能用除草剂喷洒除草。前茬未耕种的土地应提前多翻耕几次，太阳暴晒消毒，播种前再旋耕松土。7—8 月大棚空闲时，密闭大棚高温焖棚，棚温可达 60 ~ 70℃，维持 15d 以上，杀灭病菌、虫卵以及杂草。pH 低于 6 的土壤需要在土表用生石灰进行消毒和调节 pH，生石灰的用量为 50 ~ 100kg/亩，均匀地将生石灰撒在地面，然后用旋耕机翻耕，使石灰与表层土壤混合均匀。整地一般用大型或小型的旋耕机翻耕耙细土壤 1 ~ 2 次，将土块破碎成小于 5cm 的细土，如图 6-7 所示。

图 6-7　翻耕大棚土壤

（二）搭建高拱棚

利用原有蔬菜大棚或新建高拱棚栽培羊肚菌，已有蔬菜大棚比新建大棚每亩地要节约建棚投入 3 万元左右。用于羊肚菌栽培的高拱棚，要求棚长 30～50m、棚宽 6～10m、棚顶高 3.5～4.8m、棚肩高 1.8～3.0m；在棚两端各开一对推拉门，单门宽 1.0～1.2m、高 2.0～2.4m；棚两侧开侧窗，侧窗处覆盖防虫网，离地 0.3～0.4m 开侧窗，侧窗开口高度为 1.4～2m；侧窗下端距地面 0.3～0.4m 用农膜围成围裙，围裙需固定，靠近地面一端用土压实；棚间距 0.7～1.5m。除棚高外，棚长、棚宽可根据栽培地块确定；用钢筋骨架、木骨架、竹骨架等作为支撑，使用薄膜 + 遮阳网进行遮盖，新建高拱棚最好搭建单个棚进行羊肚菌栽培（图 6-8）。

图 6-8　搭建高拱棚

遮阳网覆盖方式：一是在棚顶直接覆盖遮阳网；二是在棚边立柱，柱高和棚顶高一致，每个单体棚棚顶作为遮阳网的固定点和支撑点，搭建好的遮阳网仅与棚顶接触，遮阳网将多个棚连成一个整体，使其成为平棚。两种方法相比，方法一简便省工，增温效果明显，但降温效果较差；方法二增加了人工成本和材料成本，生长前期增温效果差，但生长后期棚内降温明显，尤其方便将棚两侧及两头塑料膜卷起来通风和降温。两种方法各有优缺点，权衡利弊，方法二优于方法一，因为人工增温和人工降温相比，人工降温困难且成本高。

经贵州省农业科学院土壤肥料研究所试验，遮阳网选用遮光率为 80% 规格的遮阳网，实测遮光率在 85%～90%，单层即可。遮光率 90% 以上，光线不足，不利于羊肚菌生长发育；遮光率低于 85%，遮阳网过稀，常导致减产甚至绝收。根据国家工业与信息化部发布的行业标准《塑料经编遮阳网》（QB/T 2000—2017）规定，选择遮阳网是依据遮光率来选择，而非按"多少针"来选购，要特别注意不要被忽悠。

大面积种植羊肚菌最好安装喷灌设施，设施喷水代替人工喷水，减少喷水的人工成本。人工喷水易造成土壤表面板结，土壤透气性差，对菌丝生长不利；同时，还会造成羊肚菌原基窒息死亡以及幼菇机械损伤。高拱棚栽培羊肚菌最好采用微喷设施，微喷设施雾化效果好，水分管理效果更佳，有利于羊肚菌生长发育。喷水设施还要求供水设施完善，包括供水水泵、管道、喷头等，最好每个棚的供水管安装水闸，能够单独控制水量大小。棚内喷头安装密度，要求能够满足实现棚内土表全部能喷到，不留死角（图 6-9）。

图 6-9　喷雾喷头

（三）开厢播种

1. 播种时间安排

最高气温低于 24～25℃时，土壤温度在 20℃以下即可播种，这种气温出现的时间贵州大部分地区一般在 10 月底，高拱棚种植羊肚菌可适当晚播 10 ～ 15d，安排在 11 月上、中旬播种，但具体播种时间应根据当地天气预报灵活掌握，高海拔地区要稍早播种。

开厢：播种前 1 ～ 2d，土壤浇一次透水，待土壤不粘后深耕 25 ～ 30cm；平整土地后，在棚中地面画线开厢。在地面的两侧拉线，将拉线固定，用石灰画线。厢面宽度一般要求为 0.6 ～ 0.8m，建议不要开成 1.0 ～ 1.2m，尽量增加边缘的长度，发挥羊肚菌出菇的边际优势。走道的宽度为 0.3 ～ 0.5m。开厢时，对于地下水位较低、排水较好的地块，起低厢、挖浅沟，有利于保持水分；相反，地势低洼，地下水位较高、不易排水的地块，就得开高厢，挖深沟，利于排水。一般情况下，蔬菜大棚前茬作物属旱作，不起高厢，仅留浅沟，利于保水，待播种后将走道中土壤翻到厢面上覆盖菌种即可。

2. 调节土壤湿度

播种前调节水分至 15 ～ 20cm 厚土层含水率达到 40% ～ 45%。具体操作时，土粒发白、手搓土壤无法形成土条或土条断裂。土层 15 ～ 20cm 厚含水率低于 40%，必须适当补水。可以直接用水管在厢面浇灌 1 ～ 2 次，使土壤湿润含水率达到要求，再使表土稍微风干保持土壤耕作层湿润而不粘工具、不影响播种作业，即可播种。

3. 菌种准备

目前，生产上主要栽培六妹羊肚菌、梯棱羊肚菌和七妹羊肚菌。三种羊肚菌各有优缺点，详见第三章"羊肚菌主要栽培品种"。菌种是第一要素，决定羊肚菌种植的成败，一定要到可靠的菌种生产单位购买。播种前，将菌种在已消毒盆内掰碎，但不要揉搓，尽量减少对菌丝的伤害。然后，将菌种生产单位随菌种发放的拌种剂按要求均匀拌入菌种当中，详见第三章"羊肚菌主要栽培品种"和第五章"栽培技术"。

4. 播种方式及用种量

高拱棚规模化种植羊肚菌主要采用散播方式。播种量：一般一亩地需要容积 460mL 的菌种 500 ～ 600 瓶，容积 1 100mL 的菌种 200 ～ 250 瓶（图 6-10）。

图 6-10　散播羊肚菌菌种

5. 播种

菌种处理后要尽快播种。将准备好的菌种运送到大田，均匀撒播在厢面上；大规模栽培羊肚菌，一定要控制好菌种的用量，做到专人定量播种。多年来，特别是 100 亩以上面积的栽培基地，由于没有注意控制菌种用量，常常导致前期菌种用量过大，后期菌种用量吃紧，甚至还出现了数亩地搭了棚架没有菌种使用的现象。

6. 覆土

播种以后要立即进行覆土。大面积栽培，播种后最多不超过 1h 就要覆土，否则菌种容易被吹干，导致菌丝体生长缓慢或死亡。厢播覆土用走道内的土壤，覆土厚 2 ～ 3cm。覆土的方法：可采用人工覆土，疏松较细的土壤也可采用开沟机翻土，将走道内的土壤翻到厢面上，均匀分布。生产实践证明人工覆土效果要好一些。覆土要求厚薄均匀、厢面平整、不露菌种。

（四）摆放营养袋

摆袋时间：播种一星期以后，土壤表面形成白色菌霜就可以摆放营养袋。一般六妹 7 ～ 10d，梯棱 10 ～ 15d，七妹

7～10d。摆放营养袋前，羊肚菌主要吸收利用土壤中和菌种体里面残存的养分；摆放营养袋后，羊肚菌菌丝逐渐蔓延进入营养袋，吸收利用营养袋提供的养分，促进菌丝生长和菌核形成，为原基分化和幼菇发育提供养分，从而保证羊肚菌栽培的稳产和高产。

1.摆放数量和方式

每亩用量为 2 000～2 200 袋；每袋重量 400g±20g。摆袋前调节水分至 15～20cm 厚土层含水率达到 45%～50%。成品字形按压贴紧土壤表面，料袋间隔 20～30cm，行距 30～40cm，密度 5 个/m² 左右。摆袋时，先用手把营养袋捏松，再用排式打孔器在营养袋上选一面拍 3～5 次，然后将打孔一面，按压贴紧土壤表面。营养袋的质量和数量将直接影响羊肚菌的产量，种植户务必要从实力强、经验丰富的单位采购营养袋（图 6-11）。

图 6-11　摆放营养袋

2.撤除营养袋

营养袋在大田摆放 40～45d 后取走，生产实践上把揭黑色地膜、撤除营养袋后打催菇水同时操作。在贵州，有很多栽培者不取走营养袋，这一做法有带来杂菌污染和虫害的风险，特别是阴雨高湿的 3 月份，容易发生链孢霉等滋生很快的霉菌污染。营养袋要及时取出处理，不要让杂菌在厢面蔓延，早期发现杂菌污染严重的营养袋要取走更换（图 6-12）。

图 6-12　撤除营养袋

（左图为撤走的营养袋，右图为发生链孢霉的营养袋）

（五）覆盖地膜

1. 膜的选用

人工栽培羊肚菌一般选用黑色地膜，黑色膜是在聚乙烯树脂中加入 2%～3% 的炭黑，经挤压吹塑加工而成，地膜厚度 0.006～0.008mm，经济实惠，效果好（图 6-13）。

图 6-13　覆黑色膜

2. 覆膜时间

小规模栽培羊肚菌，播种即覆盖黑色地膜。大规模栽培羊肚菌，播种后 1 星期左右覆膜，先喷重水调节水分至 15～20cm 厚土层含水率达到 45%～50%，第二天摆放营养袋，接着覆盖黑色地膜，省工省时。

3.覆膜操作

地膜宽度多于厢面 10cm 左右，人工铺膜时 3 人一组，1 人将地膜卷打开并拉紧铺于厢面上，2 个人随后执铁锹，将沟内的土壤铲起压于地膜两边，每隔 50cm 压一个土块，确保地膜不被大风吹开的情况下预留一定的通风口。

4.揭膜时间把握

营养袋在大田摆放 40 ~ 45d 后取走，生产实践上把揭黑色地膜、撤除营养袋后打催菇水同时操作。如遇原基或幼菇已经在地膜下面形成，揭膜应缓慢进行，避免突然揭膜造成温差、空气湿度变化，引起原基或幼菇夭折。可行的操作是选择气温比较稳定的天气揭膜，并保持空气湿度达到 70% ~ 80%（图 6-14）。

图 6-14　羊肚菌进入营养生长

（六）菌丝生长阶段的管理

播种后到出菇前这段时期为菌丝生长阶段。在贵州，一般是 11 月到次年的 1 月底 2 月初。此阶段管理重点是保温、保湿、透气。目标是培养健壮菌丝（菌核），为下一阶段出菇做好准备。

1.水分管理

菌丝生长阶段的水分管理，15 ~ 20cm 厚土壤含水率控制在 40% ~ 45%，土壤过湿，则气生菌丝生长过旺，分生孢子（菌霜）过多，需通风排湿；土壤过干发白，则应喷水加湿。覆膜栽培羊肚菌，通常情况下，如果播种环节的土壤含水量合适，发菌期间厢面土壤表面一直覆盖着地膜，在催菇前一般不需要特定的水分管理；如果环境条件不适，遭受长时间的干旱，地膜下面仍旧会面临着水分偏低的情况，这时候可以喷灌浇水，水分会随着蒸腾作用转移至地膜下面，达到发菌的水分要求。

2.温度控制

羊肚菌菌丝体生长温度 3～25℃，最适温度 15～20℃，低于3℃或高于28℃停止生长，30℃以上菌丝体生长受阻，甚至死亡。因此，菌丝生长阶段土壤温度要控制在 3～23℃。菌丝生长阶段处在冬季最冷时期，整个阶段以拱棚保温为主。对于覆膜栽培，当播种后遇到长时间晴朗高温天气时，容易造成地膜下面局部的高温高湿，导致杂菌发生影响羊肚菌菌丝的活力。因此，一般要选择打孔地膜，孔径 2cm 左右，密度为孔间距 30cm。

3.通风处理

高拱棚栽培羊肚菌，覆膜给厢面营造了一个相对封闭的环境，地膜两侧按照 50cm 间隔压土块，正常情况下不会发生明显的缺氧问题；采用打孔黑色地膜覆盖，一般不用揭膜通风。

（七）催菇管理

羊肚菌播种后，在经过大约 40d 的营养生长之后，已经达到生理成熟，厢面菌霜消退，土壤表面局部显红褐色，标志羊肚菌由营养生长向生殖生长过渡。这时要采取综合措施，确保催菇 1 次成功。

高拱棚覆膜栽培羊肚菌，在春季气温回升到8℃以上，采取揭去黑色地膜＋撤走营养袋＋喷重水操作，实现催菇。揭去黑色地膜，在突然遭受揭膜操作后暴露在一定强度的光照下，光线刺激有助于菌丝分化形成原基；同时，揭膜以后，厢面土壤及地表温度受外界影响变大，拉大温差刺激出菇。羊肚菌菌丝通过营养生长阶段已经储存了羊肚菌原基分化和幼菇发育所需的养分，撤走营养袋，也造成刺激，有利于出菇。喷重水是很重要的技术措施，首次重水要将 20 ～ 30cm 耕作层浇透，可以在一、两天内分几次喷水完成，使耕作层土壤含水率达到 50% 左右，促使厢面分生孢子消退，但不要让厢面长时间积水，随后几天根据土壤湿度情况适当喷水，维持土壤表层湿润。

对于没有采取覆膜栽培的高拱棚，只能采取"撤走营养袋＋喷重水＋调节棚温"的操作措施刺激出菇。厢面没有覆盖黑色地膜，容易造成杂草较多，如果杂草过于茂盛，会严重影响羊肚菌产量，因此要人工拔除杂草。另外，还可以白天封闭大棚增温，晚间掀开棚子通风降温拉大温差，刺激出菇（图 6-15）。

图 6-15　催菇刺激原基形成和幼菇分化（杨杰仲　拍摄）

（八）出菇期间的管理

喷催菇水后 7 ～ 8d 会大量出现原基，原基形成后 7 ～ 10d 可增高至 1 ～ 2cm，菌柄和菌盖分化明显，可初见菌盖雏形，这一时期称为原基分化期；再经过幼菇期、成菇期，羊肚菌子囊果达到成熟进入采收期，从原基发生到羊肚菌子囊果成熟需要 25 ～ 30d。羊肚菌从播种到采收的生育周期为 120 ～ 150d（图 6-16）。

1. 温度管理

子囊果生长地表温度 8 ～ 22℃，最适生长温度为 15 ～ 18℃，若气温超过 23℃，子囊果生长缓慢，进入消失期；温度低于或高于生长范围温度均不利于其正常发育。出菇季节首先要防止低温冻害。2020 年 2 月 21 日，贵州省大部分羊肚菌栽培田块就开始形成原基，但突遇冻害天气，温度一夜之间降低到 −2℃，导致形成的原基部分死亡。因此，高拱棚栽培羊肚菌，这时要关闭大棚保温，有效防止冻害。

图 6-16　成菇期羊肚菌子囊果（杨杰仲　供图）

在贵州，低于零度的天气不多，但一年中也有那么几天低温冻害，这时一定要闭棚保温防冻；同时，贵州冬季和初春也时常出现高温，防止高温天气对羊肚菌的危害更为重要。2019 年 2 月 2—7 日春节期间，贵州大部分地区连续一周时间气温 20℃以上，最高达到 26 ～ 28℃，大量幼菇死亡，给羊肚菌种植者造成重大损失。尤其在 3 月中下旬，气温容易突然升高到 20℃以上，要特别注意预防高温的危害。从 3 月 10 日开始，需在大棚的顶部再吊一层遮光率为 80% 的遮阳网，形成双层遮阳网，两层之间的距离为 10 ～ 15cm，在这里形成一个空气流动速度相对较慢的缓冲层，热空气不会流到地表，更不会使土层的温度升高，可预防高温的危害。塑料大棚可以把大棚上的薄膜去掉，改单层遮阳网为双层，以防止棚内出现高温。另外，还可采取措施在棚顶和四周喷水降温。

2. 水分管理

羊肚菌出菇阶段的水分管理主要是对土壤含水量和空气相对湿度的管理。要保持土表湿润，不发白，这时土壤含水量应达到 40% ～ 45%，通常可以用手抓一把土进行土壤含水量的判断：用手搓成条，但不粘手。子囊果原基、幼菇对明水非常敏感，如果直接向原基和高度小于 2cm 的幼菇上直接喷水，它们都会死亡。一般应该向空气中喷雾化水，用水管人工喷水一定朝上喷，不要直接对着地面上的子囊果喷水。如果土壤湿度过低，子囊果生长缓慢或者停止生长，甚至死亡。3 月份贵州地区常常出现阴雨连绵天气，这时一定要防止大田渍水。

3. 空气管理

子囊果发育过程中，需要加强通风管理，增加棚内氧气含量，一定不能有闷气的感觉，CO_2 浓度不能超过 0.3%。如果设施内部长期通风不良，CO_2 浓度过高，则会导致子囊果菌柄变长，菌脚增大，菌盖短小，子囊果纤细、薄、提早成熟。高拱棚种植羊肚菌，这一时期要揭开棚两头加强通风透气，保持棚内良好的通气状态。

二、中平棚栽培模式

中平棚又称平棚、简易高连棚、简易连棚等。近年来，全国 80% 以上的栽培者都采用中平棚模式进行羊肚菌栽培。该技术起源于大面积的竹荪、灵芝的栽培技术。一般把同一等高线的田块连接成一个大的简易大棚。其优点是：成本低廉，搭棚速度快，可以将几亩、几十亩甚至上百亩搭建成为一个整体，栽培操作管理方便，非常壮观。缺点是：特别容易垮塌，不保温、不保湿、不防风、不防雨，产量无保障。我们建议：单个大棚的面积一般不要超过 10 亩以上，太大的容易垮塌；且与覆膜或者小拱棚配合为好。

（一）季节安排

10 月水稻收割后，在晴好天气翻耕土地，11 月中旬前后羊肚菌播种，翌年 3 月底羊肚菌栽培结束，4 月接着种植水稻，11 月继续种植羊肚菌，如此循环进行，即水稻—羊肚菌—水稻—羊肚菌轮作。

（二）物资准备

除高拱棚（蔬菜大棚）种植所需的各种生产资料外，还需以下材料。

架材：竹竿、模板、钢管、水泥柱等。长度 2.5 ～ 3m，插入地面 0.5m 左右，柱间距（3 ～ 4）m×（3 ～ 4）m，数量 80 ～ 100 根/亩。

铁丝（尼龙绳）：400 ～ 500m/亩。

尖木桩：直径 8 ～ 10cm，长度 0.5 ～ 0.6m，50 个/亩。

（三）选地与整地

1. 选地

选择地势平坦、水源充足、土质肥沃、利水、透气性好、不易板结、交通便利的水稻田。沙性壤土最佳；黏性过强、易板结、地下水位过高的田块不宜选择。

2. 整地

在水稻黄熟期开沟排水，地下水位高的田块要开边沟和中沟，在水稻收割时稻田已干，便于机械翻耕土壤。贵州整地时间一般在 10 月中下旬至 11 月初。水稻收割后，清除稻草，每亩地撒生石灰 50 ～ 100kg，调节土壤 pH 为 6 ～ 8.5；用旋耕机翻地 1 ～ 2 次，深翻 15 ～ 20cm。开厢面宽 0.8m 左右，过道宽 0.4 ～ 0.5m，沟深 30 ～ 40cm，厢长不超过 30m。土块要打碎，土粒最大直径不超过 5cm，厢面呈龟背形（图 6-17）。

图 6-17　整地（王伟　拍摄）

（四）搭棚

在整理好的田块上搭建中平棚，棚高 2m 左右。架材：竹竿、木棒、钢管、水泥柱等。立柱：用直径 10cm 以上的竹竿或木棒、4 ～ 5cm 的钢管，高度为 2.5 ～ 3m。柱间距为 3 ～ 4m，在田间均匀分布，总数量 80 ～ 100 根/亩；（8 ～ 10）cm×（8 ～ 10）cm 的水泥柱间距为 6 ～ 8m，数量为 25 ～ 30 根/亩。四周遮阳网斜垂地面用绳子或铁丝拉紧并固定在木桩上，木桩之间遮阳网用土或石块压住，棚内两排木（竹）之间沿同一方向，每隔 3 ～ 4m 也要用绳子或铁丝固定在木桩上。木柱、木桩插入地面时，如土壤比较潮湿，则随着土壤逐渐变干，木柱、木桩逐渐松动，应及时加固（图 6-18）。

画线

立柱拉网格线

盖遮阳网

固定遮阳网

图 6-18　搭建中平棚（王伟　拍摄）

遮阳网选择遮光率为 80% 或 90%，但实测遮光率应在

85%～90%；遮阳网顶部需加一层十字形、米字形的方格网固定。铺设供水系统：在田间铺设喷水管道，便于水分的管理。主水管设在田边，可用PVC管，每隔1～2厢要有1根喷水带，喷水带接头处在PVC管上安装一个开关，便于单管喷水管理。

（五）播种

在同等条件下，稻田种植应比大棚种植早播10～15d，当最高气温低于25℃时，土壤温度在20℃以下即可播种，贵州地区一般在11月初至11月底，高海拔地区在10月底。12月以后播种，出菇晚，容易受高温影响，风险明显增加。

播种前1～2d，调节水分至15～20cm厚土层含水率达40%～45%。菌种选择、播种量、播种方式见第五章"高效栽培技术"（图6-19）。

图6-19　播种（王伟　拍摄）

（六）摆营养袋和盖膜

小规模栽培羊肚菌，播种即覆盖黑色地膜，六妹7～10d、梯棱10～15d、七妹7～10d后揭膜摆放营养袋。大规模栽培羊肚菌，根据我们的经验，做好三结合：播种后1星期左右，先喷重水调节水分至15～20cm厚耕作层土壤含水率达到45%～50%，第二天摆放营养袋（图6-20），接着覆盖黑色地膜。地膜宽度多于厢面10cm左右，地膜两边每隔50cm压一个土块，确保地膜不被大风吹开的情况下预留一定的通风口。

图 6-20　摆放营养袋（王伟　拍摄）

中平棚缺点是不防雨水，被雨水冲刷后可能出现局部不出菇，最好在厢面搭建白膜小拱棚，有效防止雨水冲刷，提前 10～15d 出菇，并提高产量。白膜拱棚既可以是单厢小拱棚，也可以是双厢、三厢形成的中小拱棚，小拱棚顶部距厢面 0.5～0.6m，中拱棚顶部距厢面 1.3～1.6m。选用直径 0.5cm、长度 2m 的竹片作为拱架，拱架离沟边 3～5cm 插入沟底地面 20～25cm，白膜用土块压实固定拱架基部，膜边离沟底 2～3cm，均留一定的通风空隙，从而保证厢面有充足的氧气供应。播种即搭建白膜拱棚，1 周以后揭膜摆放营养袋（图 6-21）。

图 6-21　中平棚下小拱棚栽培羊肚菌（赵恩学　拍摄）

（七）大田管理

羊肚菌生长阶段，其温度、湿度、空气、杂菌、自然灾害等方面的管理基本同高拱棚种植，但中平棚下覆盖黑色地膜栽培和白膜小拱棚种植抵御自然灾害的能力较弱。如覆盖的黑地膜和白色薄膜易被大风掀起，造成厢面过干；棚架易被大风吹倒、吹歪；棚架易被大雪压垮；大雨易造成大田过湿甚至积水等。因此，要经常进行田间巡视，对灾害造成的危害及时处理。如果厢面过干，则淋水加湿；厢面过湿，则通风排湿；在大雪降临之前加固大棚，雪后及时清理积雪。同时，采取以下措施加大防风力度：加大立柱的直径和密度，插入土壤的深度超过 0.5m；立柱上增加斜柱支撑；荫棚四周用铁丝或绳子斜拉固定；四周木桩之间的遮阳网拖到地面用沙袋压实；棚内遮阳网立柱间距用铁丝或绳子斜拉固定（图 6-22）。

图 6-22　中平棚栽培羊肚菌发菌期（王伟　拍摄）

中平棚下覆盖黑色地膜栽培羊肚菌，催菇时也要做好三结合：揭走地膜、撤除营养袋、喷重水催菇。中平棚下白膜小拱棚种植羊肚菌，出菇前后薄膜要覆盖稳固，尽量满足羊肚菌出菇环境要求，避免温湿度出现较大幅度的波动而导致原基死亡。与大棚种植相比，冬闲田种植羊肚菌其温度、湿度受环境影响大，因此催菇前要查看天气预报，选择天气比较平稳的时期进行催菇。另外，土壤因受降水影响，湿度较高，催菇水的喷施次数和时间视土壤湿度而定，应少喷、轻喷、甚至不喷（图6-23、图6-24）。

图 6-23　中平棚栽培羊肚菌幼菇期（王伟　拍摄）

图 6-24　中平棚栽培羊肚菌成菇期（王伟　拍摄）

三、温室大棚栽培模式

选用已经建成的温室大棚进行羊肚菌栽培。优点是保温、保湿、防风、防雨、操作简便；可以节省搭建棚架的原料费和人工费。温室大棚栽培羊肚菌，羊肚菌产量高、质量好，是初学者最佳的投入选择。全国已经建成的蔬菜温室大棚数量众多，贵州同全国一样建有大量的蔬菜温室大棚、烤烟育苗大棚、中药材育苗大棚等，到冬季大多数处于闲置状态，没有很好地利用。羊肚菌栽培者正好选择这个时期进行规模化栽培，可以节省大量资金投入（图6-25、图6-26、图6-27）。

图6-25　温室大棚栽培羊肚菌（发菌期）(杨杰仲　拍摄)

图6-26　温室大棚栽培羊肚菌（成菇期）(杨杰仲　拍摄)

图6-27　温室大棚栽培羊肚菌（成熟期）(杨杰仲　拍摄)

蔬菜温室大棚已经有一层薄膜遮盖，羊肚菌栽培只需要在薄膜上再加一层遮光率为 80% ～ 90% 的遮阳网即可。部分蔬菜大棚还铺设了滴灌、微灌系统，有的薄膜还有开启装置，这些条件都适宜羊肚菌栽培管理。温室大棚的宽度一般为 6 ～ 10m，长度20 ～ 80m。蔬菜和其他植物收获后，需清除植物的剩余物，地面撒一层石灰，用量为 50 ～ 100kg/亩。用小型旋耕机翻 1 ～ 2 次，喷洒一次生物除虫剂之后再耙细一次，使土粒直径小于 5cm，地面平整。最后，用生石灰画线，规划棚中走道、厢面及厢沟。不管大棚的具体宽度为多少，都在大棚的正中央留一条宽 0.8 ～ 0.9m 的主走道，走道两侧垂直向开厢，厢面宽度 0.7 ～ 0.9m，厢沟宽0.4 ～ 0.5m，采用沟播或撒播均可。

如果采用沟播，需在厢面上顺厢挖播种沟，沟宽 10 ～ 15cm，沟深 10 ～ 12cm，间距 30 ～ 40cm。撒播则直接在厢面播种，把厢沟内土壤挖松覆盖厢面上即可。走道的深度 15 ～ 20cm，防止水分过多，无法排水。在中央主走道上方或地面安装一根微喷带，对全棚进行水分管理。

要注意的是，温室大棚多为连体大棚，有的一个棚面积达几十亩，常常出现中部通风不良，导致畸形菇出现。

四、林下栽培模式

在果树、林木的行间可以种植羊肚菌（图 6-28）。操作流程如下：

（一）选地与整地

1. 选地

选择交通方便、地面平整、树木纵横规整的林地，果树林、苗木林、杨树林、泡桐林、法桐林、槐树林等均可用于羊肚菌种植。要求树木主干可以承受遮阳网的搭建，而且能满足遮阳网净空高度最低为 2m 的要求。否则，只能搭建小拱棚。土壤以壤土为好，腐殖质含量高，并具有一定的保水性和透气性。另外，水源要近，水渠、河流、湖泊或水井均可作为水源。要求排水方便，防涝抗旱。

图 6-28　果树林下栽培羊肚菌

2. 林地处理

播种前一个多月，林地提前除草。可使用机械或人工除草，但不能使用除草剂。除草后，按照每亩地 75 ～ 100kg 的用量撒施生石灰粉，可有效杀灭或驱赶大部分杂菌和昆虫，并适当调节土壤的酸碱度。

3. 灌水

如果林地土壤较干燥，在翻耕和开沟前对林地灌溉一次。水渗透后晾晒 5 ～ 7d，土壤不黏后进行翻耕和开沟。如果林地土壤缺水不严重，也可在播种后进行灌水或喷水补充土壤水分。生产实践证明，土壤先调好水再播种，比播种后再调水的效果更好。

4. 翻耕及开沟

在树行间按照顺行走势使用旋耕机进行耕地，耕地深度 25 ～ 30cm。耕作完成后，按照树木的行距规划开厢，厢面宽 70 ～ 90cm，沟宽 40 ～ 50cm，沟深约 20cm。也可不提前开沟。

（二）架设遮阳网平棚

遮阳网宽度的定制可参考树林行距，如行距为 4m 的树林，订购宽度为标准 4m 的遮阳网即可。遮阳网遮光率视树林遮光度而定，应选择树林和遮阳网合计遮光度达 85% ～ 90% 即可。

搭建平棚的操作：

1. 拉线

沿着树行，同排树木在离地 2.5 ～ 3.0m 的高度拉铁丝，每行树拉一行铁丝，铁丝规格 8 号或 10 号，确保可以承受遮阳网的重量。

2. 制作挂钩

用 10 号铁丝，制作 "8" 字形反向开口的回形挂钩。

3. 固定遮阳网

挂钩的间距为 1m 左右，一端挂在遮阳网的边上，另一边吊挂于前面拉好的铁丝上，用以固定遮阳网。

4. 围墙制作

沿着林地四周，用遮阳网固定成高 2.5m 的围墙，围墙下端用泥土压实，上端用细竹竿卷起遮阳网，固定于围墙经过的树干上，避免牲畜等进入棚内践踏菌床。特定位置预留门洞，便于生产人员出入。

遮阳网平棚主要起遮光、降温和适当保湿的功能。羊肚菌在原基分化和幼菇发育阶段对空气相对湿度的要求较高，因此可以在平棚内厢面上再架设高度小于 50cm 的小拱棚。小拱棚可采用竹片支撑、黑色或白色地膜覆盖。

（三）播种

1. 厢播

林地翻土后，打碎大的土块，适当平整地面；然后，调节 15 ～ 20cm 厚土壤含水率达 40% ～ 45%，直接播种，将菌种颗粒撒在土壤表面，随即用小型开沟机或人工按照特定厢面宽度开沟，土翻向两边覆盖菌种；对于机械覆土不到的地方，再人工补充覆土。

2. 条播

根据树行间距和厢面的宽度，首先按照顺行走向，在厢面上以 30 ～ 40cm 的间距开 V 形沟槽，沟槽宽 10 ～ 15cm，深 8 ～ 12cm；然后，按照菌种使用量，将处理后的菌种均匀地撒在沟槽里，再用厢面上的土回填沟槽。

播种要注意的是，菌种处理后要尽快播种，播种后要尽快覆土，不然会造成菌种颗粒失水而导致活力下降，引起萌发慢和蔓延无力。

（四）覆膜

覆膜是指羊肚菌播种后，在厢面上覆盖一层白色或黑色地膜的生产管理技术。覆膜栽培技术的优势有保湿和防涝、避光和抑制杂草、增加积温、促进出菇、控制菌霜过度生长、增强生产时间安排的灵活性、定向出菇、节约成本等。目前，羊肚菌人工栽培选用较多的为黑色地膜，经济实惠。覆膜可手工覆膜，也可采用铺膜机。覆膜后，在膜两边每隔 50cm 压一土块，防止地膜被风吹起，也达到适当透风、降温的目的。如果种植规模大，为节省人力成本，林地栽培一般也可以在播种一周左右，喷水调节 15 ～ 20cm 厚土壤含水率达 45% ～ 50%，随后摆放营养袋，覆盖黑色地膜。

（五）摆放营养袋

施加营养袋的时间为播种后 7 ～ 15d，这时土壤内部羊肚菌菌丝体充分蔓延形成菌丝网络，土壤表面形成一层白色的菌霜。摆放营养袋时，去除地膜一边的土块，将地膜掀开后顺在厢面的另一边；将灭菌冷却的营养袋按照每亩 2 000 ～ 2 200 个的使用量摆放，袋子侧边用打孔器打孔，孔口一侧朝下压实，扣在已经长满菌丝的菌床上，再将地膜还原覆盖，营养袋间隔 20 ～ 30cm，行距 30 ～ 40cm，密度 4 ～ 5 个/m^2，呈品字形排列。营养袋的摆放时间也可以按前述，与喷重水、覆膜结合起来操作。

（六）发菌期管理

播种后至出菇前的这段时期为菌丝生长阶段，该阶段管理为发菌期管理，时间段一般是 11 月至翌年的 2 月或 3 月初。该阶段管理的主要目标是使羊肚菌菌丝体大量生长，充满 20 ～ 30cm 厚的耕作层土壤；使菌丝体菌核化，菌丝和菌核细胞内部储存大量营养物质，为出菇奠定良好的物质基础。该阶段的管理主要是水分、温度、空气、虫害、杂菌、风灾、雨雪等方面的管理。由于播种后厢面土壤表面一直覆盖着地膜，在催菇前一般不需要特定的水分管理。但是，对于含沙量较高的土壤，再加上播种前浇水较少、覆盖的地膜压得过稀等原因，可能会造成土壤缺水。对于缺水的土壤，可采取往沟内灌水、揭开覆膜往厢面土壤微喷补水，或不揭膜直接往覆盖薄膜上喷水，使水分流到沟内慢慢渗入土壤等方式。搭建小拱棚或土壤覆盖地膜、地膜上再覆盖遮阳网的方式，一般不需要特定的温度管理。但是，如果播种早或气温高，造成膜下或棚内厢面近地表面长时间温度高于 25℃，要及时掀膜通风降温。此外，对于黏土、地膜覆盖较严的，也可在地膜上每隔 30cm 左右打一个孔，孔径 2cm 左右，这样就避免了温度过高、湿度过大等对发菌的危害。有时候由于土壤表面过于潮湿，在发菌期间会出现土面气生菌丝过于旺盛、浓密的菌丝在土壤表面大量生长的情况，需要加强通风排湿。另外，土面分生孢子过多，厢面雪白一片，多由于土壤过湿引起。可加大通风力度，减少表土的含水量进行改善。

（七）催菇管理

一般在摆放营养袋 40 ～ 45d 以后，营养袋明显变轻，最低温度高于 3℃，未来 7 ～ 10d 的气温呈上升趋势，此时可以进行催菇管理，促使菌丝扭结形成羊肚菌原基（图 6-29）。常用的催菇措施如下：

1. 营养刺激

当营养袋明显变轻，说明其中的营养已经转移到土壤的菌丝网络内，可撤袋。撤去营养袋对土壤内的菌丝造成机械刺激和营养刺激，有利于原基的形成。由于播种过晚，或由于营养袋过长、过粗，或袋料含水量过大等原因，会造成营养袋中的营养难以被有效利用，因而很多种植户在整个生产管理期间不进行撤袋处理。不撤袋除了不利于催菇以外，晚期还会滋生害虫。

图 6-29　林下栽培羊肚菌的催菇管理

2. 揭膜

出菇前 20d 揭去覆盖的地膜。如此时原基或幼菇已经在地膜下形成，揭膜应缓慢进行，避免因突然揭膜造成温差，空气湿度剧烈变化，引起原基或幼菇夭折。

3. 水分刺激

采取微喷或喷灌浇水，至厢面 15 ～ 20cm 厚的土壤完全湿透，土壤含水率达 45% ～ 50%，可在 2d 内重喷水 2 ～ 3 遍；也可往沟内灌水，保持沟内有水 24h，让水渗进土壤。尽量不要大水漫灌，特别对黏土，大水漫灌容易造成水菇。喷催菇水后 7 ～ 8d 可见球形原基，若温度较低，可能会在水分刺激后 2 周左右现原基。

如果种植规模较大，为省工省时，可以采取"三结合操作"即：揭膜、撤走营养袋、喷催菇水，按顺序同时操作。

4. 湿度控制

保持空气相对湿度 75% ～ 80%，近地面空气相对湿度在 80% 左右是高产稳产的关键，也是管理的难点。原基发生前后，如果空气相对湿度保持不住，前面的催菇工作就没有意义；原基发生时，地表土含水量过大，土壤通气性变差，原基仍不会发生。打催菇水后，可以考虑在厢面上架设小拱棚，采用毛竹片作支撑，覆盖透明白薄膜，薄膜两边用土块稀疏压住，做成高50cm左右的小拱棚。采用小拱棚等设施栽培，基本可以满足原基分化对空气湿度的需求。对于较高的拱棚，若不能满足原基分化对湿度的需求，则要通过少量多次空间喷雾的方式补充水分需求，但要尽量避免将水珠直接喷到原基上。架设小拱棚后，在管理过程中要注意拱棚内部高温。若出菇期间温度超过20℃，要适当掀起小拱棚两端的薄膜降温。

5. 其他管理

10℃以上的温差刺激，掀膜增加光线和氧气刺激等均有利于原基的分化。对于常规手段催菇仍然无法诱使原基形成时，可能是由于菌种不对路、菌种老化和退化等原因所致，可采取其他极端催菇的措施，如通过践踏厢面土壤造成机械刺激等。

（八）出菇管理

原基分化为幼菇期间，尽量保持近地面小环境的稳定性，保持温度6～15℃、空气相对湿度85%～95%、土壤含水量40%～45%、均匀明亮的散射光照等，避免大通风等造成温度、湿度等较大波动，不要直接朝原基喷水。关注天气预报，如果有倒春寒气温降到0℃以下的情况，务必通过加盖稻草或塑料薄膜进行抗寒。高1.5～3.0cm的小菇形成之后，保持空气湿度不变，控制土壤含水量在40%～45%，适当提高棚内温度（不能超过20℃），加快小菇至成菇的生长发育速度。后期的幼菇快速生长阶段，保持地温12～16℃，空气相对湿度80%～90%，增加棚内空气流通速度，可促进羊肚菌的快速生长发育。子囊果成熟阶段，降低空气湿度至70%～85%，降低土壤湿度，增加空气流通速度。成熟的子囊果一定要及时采摘，避免羊肚菌过熟，菇肉变薄，影响品质（图6-30）。

图 6-30　林下栽培羊肚菌出菇

五、矮棚栽培模式

矮棚栽培羊肚菌在林下栽培时采用，还可以在丘陵地区，特别是地块狭长的山区，考虑建矮棚栽培羊肚菌。矮棚有圆拱形和长方形，一般采用长方形的矮棚比较方便。矮棚的优点是：搭建简单、快速，建棚成本低；防风、保温、保湿、抑草、操作方便，不易垮塌，出菇早、产量高。缺点是操作稍微麻烦一些，用工成本稍高；不利于管理操作，易造成子囊果灼伤（图 6-31）。

图 6-31　林间矮棚栽培羊肚菌

矮棚栽培羊肚菌的操作流程：整地→画线→开厢→播种→盖遮阳网→摆放营养袋→搭架→盖薄膜→盖遮阳网→发菌管理→出菇。

矮棚的规格为：宽 100～120cm，高 50～60cm，长度不限。利用厢沟作为走道，厢沟宽 40～50cm，深 20～30cm，如图 6-32 所示。

图 6-32　矮棚栽培模式

长的原料直接加工成"门"字形的框，两端插入地面 30～50cm，间距 2～4m，相邻框之间用细竹竿、钢索连接成为整体，框上再搭遮光率为 85%～90% 的遮阳网，冬季需在遮阳网上或下再遮盖一层厚的薄膜保温。也可以用 80～100cm 长的粗竹竿、树干做立柱，插入地面 30～40cm，相互间用细竹竿连接，捆扎牢固，上盖遮阳网和薄膜。

水分管理方法：可以将遮阳网从棚架的两侧卷起放在顶部，从棚架的两侧喷水。也可以在棚架上直接喷水。

出菇情况如图 6-33 所示，沟播的一般成行出菇，产量可以达到 200～300kg/亩。

图 6-33　矮棚栽培羊肚菌子囊果成熟期

第七章　采收及加工

一、采收技术

子囊果原基颜色为黄棕褐色，幼嫩子囊果为黑色、灰黑色，随着子囊果生长黑色逐渐变淡，成熟后成为肉褐色、灰褐色、棕褐色，少数为较深的黑色。

（一）采收时机

条件适宜时，原基生长 15 ～ 25d 即可达到子囊果成熟，通常采收的子囊果要以八分成熟为宜，当菌盖长至 4 ～ 8cm，棱纹与凹坑明显可见时，即可采收。这时，整个菇体分化完整，菌盖饱满，盖面沟纹明显，边缘较厚，外形美观，口感最好（图 7-1）。

图 7-1　子囊果棱纹展开后即可采收

（二）采收方法

采摘时，由于子囊果质地较脆，不能用手将子囊果直接从地上拔出，左手轻轻捏住子囊果上部，右手持锋利的小刀，从菌脚基部将子囊果平整地割下，应注意避免损伤幼小原基和未成熟的子囊果。羊肚菌子囊果成熟即采，否则会影响品质，采收期持续1个月左右。采收后的子囊果要先将菇体上附带的杂质去除干净，用刀片削去泥脚，再按照不同等级分别存放，采菇用的篮子和框底应铺放餐巾纸或茅草等柔软物。将羊肚菌按顺序叠排，轻取轻放，以免擦伤或碰碎菇体，每篮放菇数量不宜太多，以防压伤菇体，影响产品外观和等级（图7-2）。

图7-2 采收羊肚菌

（三）鲜羊肚菌分级

鲜羊肚菌的基本要求：适期采收，外观新鲜；含水量≤90%，无异常外来水分；菌柄基部剪切平整，无泥土；具有羊肚菌特有的香味、无异味；破损菇≤2.0%，虫孔菇≤5.0%；无霉烂菇、腐烂菇；无虫体、毛发、泥沙、塑料、金属等异物。

鲜羊肚菌在符合基本要求的前提下，等级划分为级内菇和级外菇。级内菇外观菇形饱满，硬实不发软，完整无破损；子囊果褐色至深褐色，长度3～12cm；菌柄白色。级外菇外观在级内菇之外，符合基本要求的产品；子囊果褐色至深褐色，允许有少量白菌霉斑；菌柄白色。

鲜羊肚菌的规格划分，是以羊肚菌级内菇子囊果和菌柄的长度作为规格划分的指标，分为小、中、大三个规格，具体小规格为：子囊果 3～5cm，菌柄≤2cm；中规格为：子囊果 5～8cm，菌柄≤3cm；大规格为：子囊果 8～12cm，菌柄≤4cm。详见附录 1 所列贵州省地方标准《羊肚菌等级规格》（已立项，待发布）。

二、保鲜技术

目前，羊肚菌保鲜仅利用了冷藏法，其他食用菌使用的气调保鲜、臭氧保鲜等技术尚未用于羊肚菌保鲜。羊肚菌子囊果采摘后，用小刀削净子囊果基部，经初步分拣，按层有序排放入泡沫盒，每盒装 200g、500g、1 000g 不等，放入冰袋降温，空运至消费终端。该保鲜方法保质期较短，一般为 5～10d（图 7-3）。

图 7-3　羊肚菌的装箱发货（杨杰仲、黄蛟龙　拍摄）

羊肚菌保鲜的工艺流程如下：

（1）**适时采收**：羊肚菌成熟后在子囊孢子弹射之前采收，采收前不要喷水，采收过程中修剪掉泥脚，保持菇体洁净干燥。

（2）**分级修整**：适当修整后，根据羊肚菌个体大小、形状、颜色分级。

（3）**装箱**：将分选后的羊肚菌装入内衬保鲜袋的箱或框内（图7-3）。

（4）**预冷**：没有条件的种植户，在羊肚菌装箱的同时在箱内装入几个冰袋，封箱后尽快空运投送客户。有条件的种植户，将装箱的羊肚菌放入0～1℃冷库内，预冷16～24h后扎口封箱。

（5）**冷藏或销售**：预冷封装后可置于2～4℃低温贮藏7～10d。进入消费终端过程中，一定要冷链运输。

三、烘干技术

（一）烘干机

烘干机由燃烧室、空气加热干燥室、烘烤室组成。烘干机使用前要进行除锈，打扫干净。

（二）采收及摊晾

刚采收的羊肚菌在烘干之前，先摊放在烘干机的烘干筛上，但不要密集摆放导致子囊果相互粘连，可用风扇加强通风，捡除杂物及破碎菇、霉烂菇（图7-4）。

图7-4　摊晾羊肚菌（杨杰仲　供稿）

（三）烘干

第一炉：鲜菇均匀摊放在烘干筛上，不重叠，将烘干筛放入烘干机内，排气口有盖板的烘干机应将盖板完全打开。打开风机，点火升温预热。

加热升温阶段：控制火候，每隔2h将烘烤室的温度升高3～5℃，6h后温度升高到48℃。

干燥固形阶段：保持48～50℃烘烤3～4h，直到羊肚菌形状固定。

倒筛：当下层烘干筛上80%以上的菇体变硬，用手翻动"哗哗"作响，手捏易碎时，表明菇已烘干。将下层烘干筛取出，烘干几层取几层，上面的烘干筛依次向下放，再将鲜菇烘干筛放入上面空出来的位置。2h左右，可取出下层烘干筛，如此重复直到当天采收的鲜菇烘干完毕（图7-5）。

图7-5　烘干机及烘烤（杨杰仲　供稿）

（四）包装贮藏

出炉的羊肚菌自然冷却到35～40℃，用厚度为0.01cm的塑料袋密封，在阴凉干燥的房间贮藏，所用塑料袋应符合GB 9691的规定。烘干的羊肚菌含水量低于10%，产品质量符合GB 7096的规定（图7-6）。

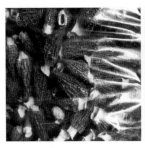

图 7-6　包装的干羊肚菌

（五）羊肚菌干品分级

1. 基本要求

适期采收的鲜羊肚菌干制而成，具有正常运输和装卸要求的干燥度，含水量≤12%，应符合 GB 7096 的规定；菇形完整，呈羊肚菌特有的菇形；菌柄基部剪切平整；具有干羊肚菌特有的香味、无异味；破损菇≤2.0%，虫孔菇≤5.0%；无霉变菇、虫体、杂草、毛发、塑料、泥沙、金属等异物。

2. 分级

干羊肚菌在符合基本要求的前提下，等级划分为级内菇和级外菇。级内菇外观菇形饱满，完整无破损、无虫蛀；子囊果浅茶色至深褐色，长度 2 ～ 10cm；菌柄白色至浅黄色。级外菇外观在级内菇之外，符合基本要求的产品；子囊果浅茶色、深褐色至黑色，允许有少量的白菌霉斑；菌柄白色至黄色。

3. 规格

干羊肚菌的规格划分，是以干羊肚菌级内菇子囊果和菌柄的长度作为规格划分的指标，分为小、中、大三个规格。具体小规格为：子囊果长 2 ～ 4cm，半剪柄菌柄长度≤2cm，全剪柄无菌柄；中规格为：子囊果 4 ～ 7cm，半剪柄菌柄长度≤3cm，全剪柄无菌柄；大规格为：子囊果 7 ～ 10cm，半剪柄菌柄长度≤4cm，全剪柄无菌柄。详见附录 1 所列贵州省地方标准《羊肚菌等级规格》(已立项，待发布)。

第八章 自然灾害预防与病虫草害防控

一、自然灾害预防

在羊肚菌栽培过程中，特别是在出菇阶段，原基和子囊果对天气变化的敏感度较高，如遇气温大幅波动、强风、大雪、暴雨等极端天气，会造成原基消失、子囊果死亡和菇体畸形等现象，从而严重影响羊肚菌的产量和质量，对种植户栽培效益造成极大影响。

（一）气温大幅波动

气温大幅波动分为低温灾害和高温灾害两种，在出菇期如遇气温陡降至5℃以下或陡升至20℃以上都会对羊肚菌造成伤害。

1. 低温灾害

2018年3月，在高海拔地区某种植户所在区域监测到气温骤然降低到2℃，但由于采用简易大棚，保温措施不到位，虽然已提前预知，仍然造成大面积幼菇受冻死亡的情况（图8-1）。

图8-1 低温灾害（左图为遭受低温灾害后的羊肚菌，右图为羊肚菌菇形异常）

2.高温灾害

2018年3月14—16日，贵州省贵阳地区遭遇一次持续三天的高温天气，最高温度超过24℃，导致该地区羊肚菌子囊果大面积出现烧顶现象，严重影响了产量和质量，使种植户遭受了巨大损失（图8-2）。

图8-2　高温烧顶的羊肚菌

3.如何防止气温大幅波动造成的损害?

（1）低温预防。如果提前预测到低温来袭，应该做好大棚设施的密闭保温工作，并提前停止浇水。如果温度可能降低到零度以下，那么用塑料薄膜搭建小拱棚，可有效降低低温灾害造成的损失。

（2）高温预防。高温情况下，可增加一层遮阳网，增大遮光率以降低棚内温度。水分管理应在早晚日照强度较弱的情况下进行，切忌在正午高温情况下浇水，以免棚内出现高温高湿的情况，造成菇体死亡。有条件的基地，可以在棚顶和四周喷水降温。

（二）风雪灾害

目前，大部分地区的羊肚菌栽培采用简易平棚的形式，由于抗风、抗压能力较差，栽培过程中如遇强风或大雪，往往导致棚被掀翻或垮塌，对羊肚菌造成毁灭性的损害。为了减少这种损失，一般推荐在有强风和降雪区域的客户搭建钢架大棚，并根据历史气象数据设计大棚的抗风、抗雪能力，确保羊肚菌不会因为风雪等灾害天气而出现垮塌的问题。如果大棚已经搭建好，也可采取一定的预防措施有效降低风雪灾害的损失。例如在大棚外加盖一层塑料薄膜，可使大雪自动滑落，见图8-3、图8-4。

图8-3　右边有滑雪薄膜，左边没有

图8-4　大雪压垮羊肚菌大棚

如遇突降大雪天气，可采取以下应急措施：

（1）及时除去棚外积雪，加固大棚，防止大棚倒塌。

（2）棚未完全倒塌的，雪停后立即加固、恢复，停止补水，待温度回升后，需补水再补水。

（3）已倒塌大棚，雪停后，尽快恢复大棚，缩短遮阳网在厢面压厢时间，加强通气。

（4）避免遮阳网在厢面拖动，对菌床菌丝造成二次伤害。

（5）大棚恢复过程中尽量避免踩踏厢面。

（6）低温天气勿浇水，可适当覆盖保持棚内温度。

（三）暴雨灾害

如果羊肚菌栽培的地块低洼或排水不畅，在出菇期间如遇暴雨天气，会造成棚内积水过多，土壤水分含量过高，发生菌柄变黄死亡的现象（图8-5）。

图8-5　暴雨后棚内积水过多

如何防止暴雨天气造成的危害？

（1）排水通畅： 在整地时提前挖好排水沟，做好田块的排水工作，预防积水。

（2）高厢耕作： 厢面高度控制在20cm以上，以防止走道积水浸泡厢面。

（3）加盖薄膜： 可在棚外加盖薄膜或在棚内加设塑料薄膜小拱棚，防止雨水冲刷厢面。

二、病虫草害防控

（一）羊肚菌常见病害及防控措施

羊肚菌常见的病害主要有白霉病（图8-6）、细菌性病害等。

图 8-6　羊肚菌白霉病

1.白霉病

（1）发病特征：由拟青霉引起的白霉病在羊肚菌子囊果生长的各个阶段都容易发病。发病时，感染部位初期菌柄发红、金黄色、浅棕色圆斑，随后形成白色绒毛状菌斑，后期侵染部位收缩，变成空洞状，可引起子囊果畸形。子囊果表面出现白色霉状菌丝，白色气生菌丝快速生长繁殖，可以布满羊肚菌菌盖表面，使原基、幼菇直接死亡，子囊果软腐，出现孔洞、顶部无法发育、畸形等症状，最后全部腐烂、倒伏。

（2）发病规律：正常情况下发病率小于 5%；在高温高湿情况下会突然暴发，子囊果的发生率可以达到 50% 以上，使得子囊果失去商品价值，减产达到 50% ～ 80%。

（3）防治方法：在气温超过 20℃时，适当降低棚内温度，做好棚内排水，防止水分滞留，避免出现高温高湿的情况；及时去掉发病的菌株，防止病害蔓延。

2.细菌性病害

栽培生产中，羊肚菌细菌性危害主要是对子囊果的侵袭，特别是遭遇高温高湿天气的时候，容易从羊肚菌子囊果的菌柄部位开始侵袭，被昆虫咬食过的受伤部位也是细菌容易发生的地方（图 8-7）。

图 8-7　羊肚菌细菌性病害

（1）**发病特征**：受感染的菇体往往会产生一股难闻的腥臭味，整体表现为子囊果或发病部位萎蔫、菌柄发红、停止发育、菇体变软、腥臭等。

（2）**发病规律**：高温高湿天气且田里害虫较多时，容易发病。由细菌引起的羊肚菌病害常可在子囊果菌柄或菌盖表面形成脓状黏液，以菌柄特别是菌柄与土壤交接的地方发生细菌性侵染的概率最大。

（3）**防治方法**：羊肚菌细菌性病害目前研究少，针对性防治措施不多，多采用综合防控措施。

3. 防控措施

羊肚菌人工栽培技术发展至今，种植面积已经超过 10 万亩。由于其采用的是"农法栽培"方式，在大田土壤中进行播种栽培，因防控意识不足，防控方法欠缺，羊肚菌病虫危害日益严重，已经引起人们的注意。羊肚菌作为一种大型真菌，对常规病虫害防控的杀菌剂、杀虫剂敏感，同时滥施农药会造成严重的产品质量安全隐患，因此无法用常规药物来防治这些病害。目前，羊肚菌的病害防控策略主要以"预防为主，综合防控"为原则。

（1）及时清扫废弃物，如发现污染源，应立即清扫干净，并掩埋或焚烧，避免胡乱丢弃。

（2）土地要提前翻耕、暴晒，并施撒生石灰，起到预防控制的目的。

（3）及时剔除污染的营养袋。

（4）使用过的营养袋不能随意丢弃，应集中沤堆及时处理，避免滋生病虫或杂菌。

（5）避免高温高湿现象发生。

（6）土地水旱轮作或换地。

（7）使用安全的生物农药。

（二）羊肚菌常见虫害及防控措施

1. 常见虫害

目前，羊肚菌种植过程中普遍遇到的虫害有蛞蝓、蜗牛、跳虫、螨虫、菌蚊、线虫、多足虫、蚂蚁、老鼠等（图8-8）。

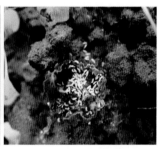

图8-8　常见虫害（左图为蛞蝓，右图为跳虫）

2. 防控措施

虫害防控一般以综合防控为主、物理加化学防控为辅，既全面防范，又针对性的处治，有一定的效果。

（1）夏季翻棚暴晒，可减少害虫危害。

（2）播种之前，清除田块中的植物残体。

（3）土壤翻耕之前，每亩撒入 50 ～ 100kg 的生石灰，然后将生石灰与土壤充分混合，既可以调节土壤 pH，又可以有效避免跳虫、螨虫、线虫等土生性害虫的发生。

（4）用四聚乙醛颗粒，人工撒在土壤表面，能够有效杀灭蛞蝓、蜗牛、多足虫等软体爬行害虫。

（5）使用黄色黏虫板防控蚜虫、白粉虱、菌蚊、菌蝇等害虫，使用蓝色黏虫板防控蓟马，使用 Bt 杀虫剂防控双翅目虫害。在有电源的棚中悬挂诱虫灯。

（6）如果大田中老鼠危害严重，可以使用老鼠诱杀剂或者物理性捕鼠装置控制鼠害。

（7）禁止违规使用农药、化学杀虫剂控制虫害。

（三）草害及防控措施

杂草生长太过于茂盛时，羊肚菌的产量一般不会很高。过多的杂草不仅竞争了羊肚菌所需的营养，而且杂草丛生之下，局部空间湿度往往过大，容易滋生病虫害（图 8-9）。

图 8-9　杂草过多羊肚菌形成较少

使用密度适宜的遮阳网，建议采用遮光率为 85% ~ 90% 遮阳网。在营养袋摆放后，可以用黑色地膜覆盖厢面，薄膜上应打小孔，直径 2cm 左右，密度为孔间距 30cm，保证厢面空气流通。覆盖了地膜后仍然需要加强管理，若土壤过于干燥应注意补充一定的水分，当温度升高时应及时揭开薄膜，防止高温烧菌。

附录一　羊肚菌等级规格

前　言

本标准按照 GB/T 1.1—2009 给出的规则进行编写。

本标准的全部技术内容为推荐性。

本标准由贵州五联科创菌种场有限公司提出。

本标准由贵州省市场监督管理局归口。

本标准起草单位：贵州省农业科学院土壤肥料研究所、贵州五联科创菌种场有限公司。

本标准起草人：杨仁德、朱森林、杨杰仲、甘炳成、陈旭、杜慕云、张帮喜、杨珍、陈波、李心培、王江、刘颖。

羊肚菌分级标准

1　范围

本标准规定了羊肚菌的术语定义、要求、抽样方法、检测方法、包装和标识。本标准适用于贵州省产销的羊肚菌鲜品和干品。

2　规范性引用文件

下列文件对于本文件的应用是必不可少的。凡是注日期的引用文件，仅注日期的版本适用于本文件。凡是不注日期的引用文件，其最新版本（包括所有的修改单）适用于本文件。

GB 5009.3 食品安全国家标准　食品中水分的测定

GB 7096 食品安全国家标准　食用菌及其制品

GB 7718 预包装食品标签通则

GB 9687 食品包装用聚乙烯成型品卫生标准

GB 9688 食品包装用聚丙烯成型品卫生标准

GB 9689 食品包装用聚苯乙烯成型品卫生标准

GB 9691 食品包装用聚乙烯树脂卫生标准

GB/T 4892 硬质直方体运输包装尺寸系列

GB/T 6543 瓦楞纸箱

GB/T 6980 钙塑瓦楞箱

SN/T 0266 出口商品运输包装钙塑瓦楞箱检验规程

国家技术监督局令第 75 号"定量包装商品计量监督管理办法"

3　术语和定义

下列术语和定义适用于本文件。

3.1　子囊果

产生子囊的子实体。

3.2　破损菇

是指有破碎损伤的子囊果。

3.3　虫孔菇

是指被蛞蝓等害虫蛀咬过的子囊果。

4　要求

4.1　等级

4.1.1　基本要求

4.1.1.1　鲜羊肚菌

根据对每个等级的规定和允许误差，鲜羊肚菌应符合下列基本条件：

——适期采收，外观新鲜；

——含水量≤90%，无异常外来水分；

——菌柄基部剪切平整，无泥土；

——具有羊肚菌特有的香味、无异味；

——破损菇≤2.0%，虫孔菇≤5.0%；

——无霉烂菇、腐烂菇；

——无虫体、毛发、泥沙、塑料、金属等异物。

4.1.1.2 干羊肚菌

根据对每个等级的规定和允许误差，干羊肚菌应符合下列基本条件：

——适期采收的鲜羊肚菌干制而成，具有正常运输和装卸要求的干燥度，含水量≤12%，应符合 GB 7096 的规定；

——菇形完整，呈羊肚菌特有的菇形；

——菌柄基部剪切平整；

——具有干羊肚菌特有的香味、无异味；

——破损菇≤2.0%，虫孔菇≤5.0%；

——无霉变菇、虫体、杂草、毛发、塑料、泥沙、金属等异物。

4.1.2 等级划分

在符合基本要求的前提下，羊肚菌分为级内菇和级外菇，具体要求应符合表1的规定。

表 1 羊肚菌等级

	等级	要求		
		外观	子囊果	菌柄
鲜羊肚菌	级内菇	菇形饱满，硬实不发软，完整无破损	褐色至深褐色，长度 3～12cm	白色
	级外菇	级内菇之外，符合基本要求的产品	褐色至深褐色，允许有少量白菌霉斑	白色
干羊肚菌	级内菇	菇形饱满，完整无破损、无虫蛀	浅茶色至深褐色，长度 2～10cm	白色至浅黄色
	级外菇	级内菇之外，符合基本要求的产品	浅茶色、深褐色至黑色，允许有少量的白菌霉斑	白色至黄色

4.1.3　等级允许误差

按质量计，级内菇允许有 5% 的产品不符合该等级的要求，但应符合级外菇的要求。

4.2　规格

4.2.1　规格划分

以羊肚菌级内菇子囊果的长度作为规格划分的指标，分为小、中、大三个规格，具体要求参见表 2。

表 2　羊肚菌规格

规　　格		小	中	大
鲜羊肚菌	子囊果长度	3～5	5～8	8～12
	菌柄长度	≤2	≤3	≤4
干羊肚菌	子囊果长度	2～4	4～7	7～10
	菌柄长度　半剪柄	≤2	≤3	≤4
	全剪柄	无柄		

4.2.2　允许误差范围

按质量计，允许有 10% 的产品不符合该规格的要求，但要符合同等级次档规格的要求。

5　抽样方法

随机取样，抽样数量参见表 3。

表 3　抽样数量（件）

批量件数	≤100	101～300	301～600	601～1 000	>1 000
抽样件数	5	7	9	10	15

6　检测方法

6.1　水分

按 GB 5009.3 规定执行。

6.2　破损菇、虫孔菇

随机抽取样品，鲜羊肚菌 500g、干羊肚菌 100g（精确至 ±0.1g），分别拣出破损菇、虫孔菇用感量为 0.1g 的天平称其质量，分别计算其占样品的百分率，以 X（%）计，按式（1）计算，计算结果精确到小数点后一位。

$$X = m/M \times 100\% \qquad (1)$$

式中，m 为破损菇、虫孔菇的质量，单位为克（g）；M 为样品的质量，单位为克（g）。

7　包装

7.1　基本要求

同一包装内羊肚菌产品的等级、规格应一致。包装内的产品可视部分应具有整个包装产品的代表性。

7.2　包装材料

7.2.1　内包装

鲜羊肚菌用聚丙烯或聚乙烯托盘，PE（聚乙烯）保鲜膜包装，使用的托盘应符合 GB 9687 或 GB 9688 的规定。

干羊肚菌用聚乙烯树脂袋密封，使用的聚乙烯树脂袋材料应符合 GB 9691 的要求。内放小袋安全无污染干燥剂除湿，随带产品合格证。

7.2.2　外包装

鲜羊肚菌采用蔬菜塑料周转箱或聚苯乙烯泡沫箱包装。使用的聚苯乙烯泡沫箱应符合 GB 9689 的规定。客户对包装有特殊要求时，按合同进行包装。

干羊肚菌采用瓦楞纸箱或钙塑瓦楞箱包装，使用的瓦楞纸箱应符合 GB/T 6543 的要求，钙塑瓦楞纸箱应符合 GB/T 6980 的要求，用于出口产品的包装箱应符合 SN/T 0266 的要求。纸箱上部和下部用 5cm 宽的胶带封口，尺寸按 GB/T 4892 执行。客户对包装有特殊要求时，按合同进行包装。

7.3　净含量

每个包装单位净含量应根据搬运、操作方式和客户要求而定，一般不超过 10kg。

净含量应符合国家技术监督局令第 75 号的规定。

7.4　限度范围

每批受检样品质量和大小不符合规格要求的允许误差按所检单位的平均值计算，其值不应超过规定的限度，且任何所检单位的允许误差值不应超过规定值的 2 倍。

8　标识

包装上应有明显标识，内容包括：产品名称、等级、规格、产品执行标准编号、生产者、产地、毛重、净重、保质期、包装日期、贮存条件与方式。干羊肚菌外包装要标注小心轻放、防雨淋、防潮及防重压标志。标注内容要求字迹清晰、完整、规范。应符合 GB 7718 的规定。

9　贮藏运输

9.1　贮存

不得与有毒、有害、有异味和易于传播霉菌、虫害的物品混合存放。羊肚菌鲜品在 1～4℃下贮存 2～4d。羊肚菌干品在通风、阴凉、干燥、洁净、有防潮设备及防霉、防虫和防鼠设施的库房条件下常温贮存。

9.2 运输

运输工具应清洁、卫生、无污染、无杂质；运输时应轻装、轻卸、防重压，避免机械损伤；防止日晒、雨淋，不可裸露运输。不得与有毒、有害、有异味的物品和鲜活动物混装混运。羊肚菌鲜品应在 3 ~ 5℃条件下运输；羊肚菌干品应在常温、干燥条件下运输。

10 参考图片

10.1 鲜羊肚菌级内菇各规格实物参考图片

鲜羊肚菌级内菇各规格参考实物图片见图 1。

图 1 鲜羊肚菌级内菇各规格实物图

10.2 干羊肚菌包装方式实物参考图片

干羊肚菌包装方式实物参考图片见图 2。

图 2 干羊肚菌包装方式实物参考图

10.3　干羊肚菌级内菇各规格实物参考图片

各等级干羊肚菌实物参考图片见图 3。

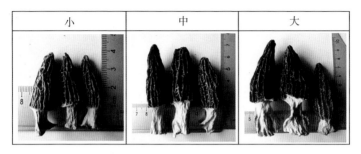

图 3　干羊肚菌级内菇各规格实物图

附录二 绿色食品 食用菌

（NY/T 749—2018）

前　言

本标准按照 GB/T 1.1—2009 给出的规则起草。

本标准代替 NY/T 749—2012《绿色食品　食用菌》。与 NY/T 749—2012 相比，除编辑性修改外主要技术变化如下：

——修改了适用范围，取消了虫草、灵芝、野生食用菌以及人工培养食用菌菌丝体及其菌丝粉，增加了大球盖菇、滑子菇、长根菇、真姬菇、绣球菌、榆黄蘑、元蘑、姬松茸、黑皮鸡枞、暗褐网柄牛肝菌、裂褶菌等食用菌以及国家批准可食用的其他食用菌；

——修改了感官要求，取消了松茸以及其他野生食用菌的感官要求，增加了白灵菇、姬松茸、元蘑、猴头菇、榛蘑感官分级要求；

——修改了安全卫生指标，取消了六六六、滴滴涕、毒死蜱、敌敌畏、志贺氏菌项目及其限量，增加了氯氟氰菊酯、氟氯氰菊酯、咪鲜胺、氟氰戊菊酯、马拉硫磷、吡虫啉、菌落总数项目及其限量，修改了溴氰菊酯、百菌清限量值，将沙门氏菌、金黄色葡萄球菌项目调整到附录 A；

——修改了附录 A，取消了氯氟氰菊酯、氟氯氰菊酯、咪鲜胺项目及其限量，增加了氯菊酯、氰戊菊酯、腐霉利、除虫脲、代森猛锌、甲基阿维菌素苯甲酸盐项目及其限量以及致病菌项目及其限量。

本标准由农业农村部农产品质量安全监管局提出。

本标准由中国绿色食品发展中心归口。

本标准起草单位：农业农村部农产品质量监督检验测试中心（昆明）、云南省农业科学院质量标准与检测技术研究所、农业农村部食用菌产品质量监督检验测试中心、云南锦翔菌业股份有限公司。

本标准主要起草人：汪庆平、黎其万、周昌艳、汪禄祥、刘宏程、严红梅、梅文泉、谢锦明。

本标准所代替标准的历次版本发布情况为：NY/T 749—2003、NY/T 749—2012。

绿色食品　食用菌

1　范围

本标准规定了绿色食品食用菌的术语和定义、要求、检验规则、标签、包装、运输和储存。

本标准适用于人工培养的绿色食品食用菌鲜品、食用菌干品（包括压缩食用菌、食用菌干片、食用菌颗粒）和食用菌粉，包括香菇、金针菇、平菇、草菇、双孢蘑菇、茶树菇、猴头菇、大球盖菇、滑子菇、长根菇、白灵菇、真姬菇、鸡腿菇、杏鲍菇、竹荪、灰树花、黑木耳、银耳、毛木耳、金耳、羊肚菌、绣球菌、榛蘑、榆黄蘑、口蘑、元蘑、姬松茸、黑皮鸡枞、暗褐网柄牛肝菌、裂褶菌等食用菌以及国家批准可食用的其他食用菌。不适用于食用菌罐头、腌渍食用菌、水煮食用菌和食用菌熟食制品。

2　规范性引用文

下列文件对本文件应用是必不可少的。凡是注日期的应用文件，仅注日期的版本适用于本文件。凡是不注日期的引用文件，其最新的版本（包括所有的修改单）适用于本文件。

GB/T 191 包装储运图示标志

GB 4789.2 食品安全国家标准　食品微生物学检验　菌落总数测定

GB 4789.3 食品安全国家标准　食品微生物学检验　大肠菌群计数

GB 4789.4 食品安全国家标准　食品微生物学检验　沙门氏菌检验

GB 4789.10—2016 食品安全国家标准食品　微生物学检验　金黄色葡萄球菌检验

GB 4789.15 食品安全国家标准　食品微生物学检验　霉菌和酵母计数

GB 5009.3 食品安全国家标准　食品中水分的测定

GB 5009.4 食品安全国家标准　食品中灰分的测定

GB 5009.11 食品安全国家标准　食品中总砷和无机砷的测定

GB 5009.12 食品安全国家标准　食品中铅的测定

GB 5009.15 食品安全国家标准　食品中镉的测定

GB 5009.17 食品安全国家标准　食品中总汞和有机汞的测定

GB 5009.34 食品安全国家标准　食品中亚硫酸盐的测定

GB/T 5009.147 植物性食品中除虫脲残留量的测定

GB 5009.189 食品安全国家标准　银耳中米酵菌酸的测定

GB/T 6192 黑木耳

GB 7718 食品安全国家标准　预包装食品标签通则

GB/T 12533 食用菌中杂质的测定

GB 14881 食品安全国家标准　食品生产通用卫生规范

GB/T 20769 水果和蔬菜中 450 种农药及相关化学品残留量的测定　液相色谱—串联质谱法

GB/T 23189 平菇

GB/T 23190 双孢蘑菇

GB/T 23775 压缩食用菌

JJF 1070 定量包装商品净含量计量检验规则

LY/T 1696 姬松茸

LY/T 1919 元蘑干制品

LY/T 2132 森林食品 猴头菇干制品

LY/T 2465 榛蘑

NY/T 391 绿色食品 产地环境质量

NY/T 392 绿色食品 食品添加剂使用准则

NY/T 393 绿色食品 农药使用准则

NY/T 658 绿色食品 包装通用准则

NY/T 761 蔬菜和水果中有机磷、有机氯、拟除虫菊酯和氨基甲酸酯类农药多残留的测定

NY/T 833 草菇

NY/T 834 银耳

NY/T 836 竹荪

NY/T 1055 绿色食品 产品检验规则

NY/T 1056 绿色食品 贮藏运输准则

NY/T 1061 香菇等级规格

NY/T 1257 食用菌荧光物质的检测

NY/T 1836 白灵菇等级规格

SN 0157 出口水果中二硫代氨基甲酸酯残留量检验方法

国家质量监督检验检疫总局令 2005 年第 75 号 定量包装商品计量监督管理办法

3 术语和定义

下列术语和定义适用于本文件。

3.1 食用菌鲜品 fresh edible mushroom

经过挑选或预冷、冷冻和包装的新鲜食用菌产品。

3.2 食用菌干品 dried edible mushroom

以食用菌鲜品为原料,经热风干燥、冷冻干燥等工艺加工而成的食用菌脱水产品,以及再经压缩成型、切片、粉碎等工艺

加工而成的食用菌产品，如压缩食用菌、食用菌干片、食用菌颗粒等。

3.3 食用菌粉 edible mushroom powder

以食用菌干品为原料，经研磨、粉碎等工艺加工而成的粉状食用菌产品。

3.4 杂质 extraneous matter

除食用菌以外的一切有机物（包括非标称食用菌以外的杂菌）和无机物。

4 要求

4.1 产地环境及生产过程

食用菌人工培养产地土壤、水质、基质应符合 NY/T 391 的要求，农药使用应符合 NY/T 393 的要求，食品添加剂使用应符合 NY/T 392 的要求，加工过程应符合 GB 14881 的要求。不应使用转基因食用菌品种。

4.2 感官

4.2.1 黑木耳、平菇、双孢蘑菇、草菇、银耳、竹荪、香菇、白灵菇、姬松茸、元蘑、猴头菇、榛蘑

应分别符合 GB/T 6192、GB/T 23189、GB/T 23190、NY/T 833、NY/T 834、NY/T 836、NY/T 1061、NY/T 1836、LY/T 1696、LY/T 1919、LY/T 2132、LY/T 2465 中第二等级及以上等级的规定。

4.2.2 其他食用菌

应符合表 1 的规定。

4.3 理化指标

应符合表 2 的规定。

表1 感官要求

项目	要求			检测方法
	食用菌鲜品	食用菌干品	食用菌粉	
外观形状	菇形正常，饱满有弹性，大小一致	菇形正常，或菇片均匀，或菌颗粒粗细均匀，或压缩食用菌块状规整	呈疏松状，菌粉粗细均匀	目测法观察菇的形状、大小、菌颗粒和菌粉粗细均匀程度，以及压缩食用菌块形是否规整，手捏法判断菇的弹性
色泽、气味	具有该食用菌的固有色泽和香味，无酸、臭、霉变、焦煳等异味			目测法和鼻嗅法
杂质	无肉眼可见外来异物（包括杂菌）			GB/T 12533
破损菇	≤5%	≤10%（压缩品残缺块≤8%）	—	随机取样500g（精确至0.1g），分别拣出破损菇、虫蛀菇、霉烂菇、压缩品残缺块，用台秤称量，分别计算其质量百分比
虫蛀菇	无			
霉烂菇	无		—	

表2 理化指标

项目	指标			检测方法
	食用菌鲜品	食用菌干品	食用菌粉	
水分，%	≤90（花菇≤86）	≤12.0（冻干品≤6.0）（香菇、黑木耳≤13，银耳≤15.0）	≤9.0	GB 5009.3
灰分（以干基计），%	≤8.0			GB 5009.4
干湿比	—	（1:7～1:10）[a]（黑木耳≥1:12）	—	GB/T 23775

注：其他理化指标应符合相应食用菌产品的国家标准、行业标准或地方标准要求。
a 仅适用于压缩食用菌。

4.4 污染物限量、农药残留限量和食品添加剂限量

应符合食品安全国家标准及相关规定，同时符合表 3 的规定。

表 3 污染物、农药残留和食品添加剂限量

单位：mg/kg

项　　目	指　　标		检测方法
	食用菌鲜品	食用菌干品（含食用菌粉）	
镉（以 Cd 计）	≤ 0.2（香菇 ≤ 0.5，姬松茸 ≤ 1.0）	≤ 1.0（香菇 ≤ 2.0，姬松茸 ≤ 5.0）	GB 5009.15
马拉硫磷	≤ 0.03		NY/T 761
乐果	≤ 0.02		NY/T 761
氯氟氰菊酯和高效氯氟氰菊酯	≤ 0.02		NY/T 761
氟氯氰菊酯和高效氟氯氰菊酯	≤ 0.01		NY/T 761
溴氰菊酯	≤ 0.01		NY/T 761
氯氰菊酯和高效氯氰菊酯	≤ 0.05		NY/T 761
氟氰戊菊酯	≤ 0.01		NY/T 761
咪鲜胺和咪鲜胺锰盐	≤ 0.01		GB/T 20 769
多菌灵	≤ 1		GB/T 20 769
百菌清	≤ 0.01		NY/T 761
吡虫啉	≤ 0.05		GB/T 20 769
二氧化硫残留（以 SO_2 计）	≤ 10	≤ 50	GB 5009.34

4.5 净含量

应符合国家质量监督检验检疫总局令 2005 年第 75 号的规定，检验方法按 JJF 1070 的规定执行。

5 检验规则

申报绿色食品的食用菌产品应按照本标准中 4.2 ～ 4.5 以及附录 A 所确定的项目进行检验。其他要求应符合 NY/T 1055 的规定。本标准规定的农药残留限量检测方法，如有其他国家标准、行业标准以及部文公告的检测方法，且其检出限和定量限能满足限量值要求时，在检测时可采用。

6 标签

6.1 储运图示应符合 GB/T 191 的规定。

6.2 标签应符合 GB 7718 的规定。

7 包装、运输和储存

7.1 包装应符合 NY/T 658 的规定。

7.2 运输和储存应符合 NY/Y 1056 的规定。

附录 A

（规范性附录）

绿色食品食用菌产品申报检验项目

表 A.1 和表 A.2 规定了除 4.2 ～ 4.5 所列项目外，依据食品安全国家标准和绿色食品生产实际情况，绿色食品食用菌产品申报检验还需检验的项目。

表 A.1 污染物和农药残留项目

单位：mg/kg

项　目	指　标		检测方法
	食用菌鲜品	食用菌干品（含食用菌粉）	
总砷（以 As 计）	≤ 0.5	≤ 1.0	GB 5009.11
铅（以 Pb 计）	≤ 1.0	≤ 2.0	GB 5009.12
总汞（以 Hg 计）	≤ 0.1	≤ 0.2	GB 5009.17
噻菌灵	≤ 5		GB/T 20769
氯菊酯	≤ 0.1		NY/T 761
氰戊菊酯和 S- 氰戊菊酯	≤ 0.2		NY/T 761
腐霉利	≤ 5		NY/T 761
除虫脲	≤ 0.3		GB/T 5009.147
甲基阿维菌素苯甲酸盐	≤ 0.02		GB/T 20769
代森猛锌	≤ 1		SN 0157
米酵菌酸		≤ 0.25（银耳）	GB 5009.189
荧光增白剂	阴性（白色食用菌）	—	NY/T 1257

表 A.2 微生物项目

微生物	采样方案 [a] 及限量（若非指定，均以/25g 表示）				检验方法
	n	C	m	M	
菌落总数	5	2	10^3（CFU/g）	10^4（CFU/g）	GB 4789.2
大肠菌群	5	2	10（CFU/g）	10^2（CFU/g）	GB 4789.3
霉菌	≤ 50（CFU/g）				GB 4789.15
沙门氏菌 [b]	5	0	0		GB 4789.4
金黄色葡萄球菌 [b]	5	1	100（CFU/g）	1 000（CFU/g）	GB 4789.10—2016 第二法

　　[a] n 为同一批次产品采集的样品件数；c 为最大可允许超出 m 值的样品数；m 为致病菌指标可接受水平的限量值；M 为致病菌指标的最高安全限量值。

　　[b] 仅适用于即食型食用菌产品。

附录三 贵州省土壤概况

贵州省拥有耕地面积 450.5 万 hm²，约占贵州省总面积的 27%，以黄壤分布最多。

黄壤耕地面积约 167 万 hm²，约占贵州省耕地面积的 37%，常与黄红壤和石灰性土壤交错分布，主要分布于海拔 700 ~ 1 200m 的中低山地、丘陵中上部。土体厚度不一，大多数黄壤耕地土壤 pH 5.5 ~ 7.0，自然肥力一般中等，通过调节 pH，可适宜羊肚菌生长。

水稻土由各类自然土壤水耕熟化而成，为全省主要的耕作土壤，广泛分布于省内山地丘陵谷地及河湖平原阶地，面积 153.33 万 hm²，占全省耕地总面积的 31%。大多数水稻土 pH 6.0 ~ 7.5，很适宜羊肚菌生长，是羊肚菌种植的主要土壤。据统计，每年冬天有 50% 的稻田闲置成为冬闲田，为羊肚菌种植提供了广阔的田野。

石灰性耕地面积约 67 万 hm²，约占贵州省耕地面积的 15%，常与黄壤和红壤交错分布，主要分布于石灰岩山地。土体厚度不一，大多数石灰土 pH 6.0 以上，自然肥力一般较高，很适于羊肚菌生长。

黄棕壤耕地面积约 40 万 hm²，约占贵州省耕地面积的 8.8%，主要分布于海拔 1 800 ~ 2 400m 的中高山地。土体厚度不一，大多数黄棕壤耕地土壤 pH 5.0 ~ 6.0，自然肥力一般中上等，通过调节 pH，可适宜羊肚菌生长。

红壤耕地面积约 13 万 hm²，约占贵州省耕地面积的 3.0%，主要分布于海拔 800m 以下的低山丘陵地区。土体厚度不一，大多数红壤耕地土壤 pH 4.8 ~ 5.6，自然肥力一般中下等，但热量条件好，通过调节 pH，可适宜耐热食用菌生长。

此外，还有紫色土、潮土、棕壤和山地草甸土等土壤类型，但面积很小。

附录四 贵州省气候概况

贵州省位于副热带东亚大陆的季风区内，气候类型属中国亚热带高原季风湿润气候。主要气候特点为：

1. 全省大部分地区气候温和，冬无严寒，夏无酷暑，四季分明。高原气候或温热气候只限于海拔较高或低洼河谷的少数地区。境内包括省之中部、北部和西南部在内的全省大部分地区，年平均气温在 14 ～ 16℃，而其余少数地区计有省之南部边缘的河谷低洼地带和省之北部赤水河谷地带，为 18 ～ 19℃，省之东部河谷低洼地带为 16 ～ 18℃，海拔较高的省之西北部为 10 ～ 14℃。各地月平均气温的最高值出现在 7 月，最低值出现在 1 月。就全省大部分地区而言，7 月平均气温为 22 ～ 25℃，1 月平均气温为 4 ～ 6℃，全年极端最高气温在 34.0 ～ 36.0℃，极端最低气温在 −9.0 ～ −6.0℃，但其出现天数均很少，或仅在多年之中偶尔出现。中心部位的贵阳市在四季划分上具有代表性，四季以冬季最长，约 105d，春季次之，约 102d，夏季较短，约 82d，秋季最短，约 76d。

就气温而言，1 月气温最低，低于 0℃ 的天数很少，就几天时间，当低温来临时采取农艺措施如闭棚、覆膜等完全能够使羊肚菌菌丝安全越冬。开春后，贵州大部分地区气温回升较缓慢，羊肚菌生长期长、生长慢，故品质好，易获得高产。

2. 常年雨量充沛，时空分布不均。全省各地多年平均年降水量大部分地区在 1 100 ～ 1 300mm，最多值接近 1 600mm，最少值约为 850mm。年降水量的地区分布趋势是南部多于北部，东部多于西部。全省有三个多雨区和三个少雨区。三个多雨区分别位于省之西南部、东南部和东北部，其中西南部多雨区的范围最大。

该区的晴隆县，年降水量达 1 588mm，是全省最多雨量中心。三个少雨区分别在威宁、赫章和毕节一带，大娄山西北部的道真、正安和桐梓一带，舞阳河流域的施秉、镇远一带。少雨区的年降水量在 850 ～ 1 100mm。因此，对全省绝大部分地区而言，多数年份的雨量是充沛的。从降水的季节分布看，一年中的大多数雨量集中在夏季，但降水量的年际变率大，常有干旱发生。

　　总体来讲，贵州雨量充沛，羊肚菌生长期的阴雨天多，湿度大，利于羊肚菌生长。各地降雨有差异，故在开厢沟时，降雨多的地区要起高厢、挖稍深的厢沟。

　　3. 光照条件较差，降雨日数较多，相对湿度较大。全省大部分地区年日照时数在 1 200 ～ 1 600h，地区分布特点是西多东少，即省之西部约 1 600h、中部和东部为 1 200h，年日照时数比同纬度的我国东部地区少三分之一以上，是全国日照最少的地区之一。各地年雨日一般在 160 ～ 220d，比同纬度的我国东部地区多 40d 以上。全省大部分地区的年相对湿度高达 82%，而且不同季节之间的变幅较小，各地湿度值之大以及年内变幅之平稳，是同纬度的我国东部平原地区所少见。

　　羊肚菌属微生物中的大型真菌，贵州省日照少、紫外线弱，非常适宜羊肚菌生长。就生产设施而言，对遮阳网遮光率的要求也相对低些。

　　4. 贵州省地处低纬山区，地势高低悬殊，天气气候特点在垂直方向差异较大，立体气候明显。由于东、西部之间的海拔高差在 2 500m 以上，故随着从东到西的地势不断增高，各种气象要素有明显不同。如西部的威宁较中部的贵阳海拔增高 1 163m，年太阳辐射较贵阳多 96MJ/m²，年平均气温低 4.8℃，故威宁气候高寒，贵阳则气候温和。再将东部的铜仁与中部的贵阳作一比较，前者比后者海拔降低 787m，年太阳辐射比贵阳少 234MJ/m²，年平均气温升高 1.6℃，7 月平均气温升高 3.7℃，1 月平均气温升高 0.3℃，故铜仁的气候特点是冬暖夏热，贵阳则是冬暖夏凉。在水平距离不大但坡度较陡的地区，立体气候特征更明显，群众中广为流传的"一山有四季，十里不同天"的说法，充分说明了贵州山区垂直气候的差异性。

立体气候的特点，要求羊肚菌种植者要因地制宜，根据羊肚菌对气候的要求，结合当地小气候特点，施与有差异的农艺措施，方可获得羊肚菌种植成功与高产。

附录五 贵州省 2018—2019 年天气情况

贵州省市州最近 2 年 10 月份气温

单位：℃

区域	年份	日最高气温		日最高气温稳定在 25℃以下		日平均最高温	日最低气温		日平均最低温
		温度	日期	首日温度	首日日期		温度	日期	
贵阳	2018	21.1	31	19.3	1	16.6	7.9	11	11.9
	2019	28.1	1	22.7	8	19.9	6.7	29	13.9
遵义	2018	24.3	31	21.4	1	17.9	9.5	11	13.6
	2019	31.2	1	19.6	11	22.4	10.1	19	16.4
六盘水	2018	22.2	20	15.4	1	13.8	5.8	31	9.9
	2019	26.1	9	21.1	10	18.5	5.6	29	12.3
毕节	2018	22.9	24	17.6	1	14.5	6.1	31	10.4
	2019	27.7	9	18.5	10	19.6	6.2	29	12.5

（续）

区域	年份	日最高气温		日最高气温稳定在25℃以下		日平均最高温	日最低气温		日平均最低温
		温度	日期	首日温度	首日日期		温度	日期	
铜仁	2018	28.1	29	未出现日最高气温稳定在25℃以下的情况		21.4	11.1	11	14.2
	2019	35.3	4			23.3	9.7	27	14.9
黔东南	2018	26.4	6	23.7	7	19.8	10.5	12	13.5
	2019	32.9	4	日最高气温未稳定在25℃以下		22.7	8.3	31	15.1
安顺	2018	20.5	20	18.5	1	15.5	8.7	31	11.5
	2019	26.6	2	21.9	8	18.9	7.5	29	13.7
黔南	2018	24.4	7	23.6	1	18.3	9.1	11	12.6
	2019	30.4	4	22.4	11	21.1	7.5	31	13.6
黔西南	2018	24.7	8	21.4	1	19.2	9.7	31	12.6
	2019	27.6	2	20.6	23	21.8	8.6	30	15.2

贵州省市州最近 2 年 11 月份气温

单位：℃

区域	年份	日最高气温			日平均最高温	日最低气温			日平均最低温
		温度	日期	期间		温度	日期	期间	
贵阳	2018	21.9	10	1～10	14.3	3.6	23	23～29	7.6
	2019	22.4	1		14.7	1.2	29		8.4
遵义	2018	24.9	3	1～3	14.8	3.4	23	23～29	9.1
	2019	23.9	1		14.4	2	29		8.8
六盘水	2018	20.4	3	1～3	14.5	1.5	25	25～27	5.6
	2019	21.4	1		13.9	3.3	27		7.6
毕节	2018	23.1	3	3～16	13.4	2	8	8～29	5.8
	2019	22.3	16		13.1	3.3	29		7.5
铜仁	2018	25.8	1	1	16.5	7.1	23	23～26	10.0
	2019	26.3	1		17.6	3.5	26		10.7
黔东南	2018	25.5	3	3～17	16.6	4	22	22～29	9.0
	2019	24.9	17		16.9	3.1	29		9.8
安顺	2018	20.3	10	1～10	14.1	4.7	18	18～30	7.7
	2019	20.3	1		13.6	3.4	30		8.6
黔南	2018	23.2	10	1～10	15.6	3	23	23～29	8.3
	2019	23.7	1		15.5	2.1	29		8.8
黔西南	2018	26.4	14	12～14	19.4	7.1	8	22～29	10.7
	2019	25	12		17.5	7.7	29		11.3

注：日最高（最低）气温出现的期间是指上述气温最近 2 年出现的时间范围。

贵州省市州最近 2 年 12 月份气温

单位：℃

区域	年份	日最高气温			日平均最高温	日最低气温			日平均最低温
		温度	日期	期间		温度	日期	期间	
贵阳	2018	22.3	3	3～16	8.3	-4.7	30	6～31	2.6
	2019	21.8	16		11.3	-0.4	6		4.5
遵义	2018	18.9	2	2～15	7.1	-4.1	30	7～31	2.9
	2019	24.1	15		13.2	0	7		5.1
六盘水	2018	22.3	5	5～16	8.1	-4	30	7～30	2.8
	2019	23.1	16		10.9	-2.1	7		2.2
毕节	2018	22.5	2	2～15	7.2	-2.8	30	7～30	2.6
	2019	25.6	15		10.0	-1.5	7		3.0
铜仁	2018	17.3	18	11～18	6.9	-3.9	30	20～30	3.3
	2019	20.2	11		13.7	1.8	20		6.0
黔东南	2018	25.6	3	3～16	8.3	-5.6	30	8～30	3.7
	2019	25.4	16		11.3	0.1	8		5.6
安顺	2018	20.5	3	3～16	8.2	-3.8	30	6～30	3.6
	2019	20.3	16		10.9	-0.6	6		4.4
黔南	2018	24.5	3	3～16	7.6	-6.4	30	7～30	3.0
	2019	23.4	16		11.9	0	7		4.9
黔西南	2018	24.5	5	5～16	13.4	-0.8	30	7～30	7.5
	2019	23.8	16		14.2	0.2	7		5.8

注：日最高（最低）气温出现的期间是指上述气温最近 2 年出现的时间范围。

贵州省市州最近 2 年 1 月份气温

单位：℃

区域	年份	日最高气温 温度	日最高气温 日期	日最高气温 期间	日平均最高温	日最低气温 温度	日最低气温 日期	日最低气温 期间	日平均最低温
贵阳	2019	18.4	30	2～30	7.2	−4.3	1	1～28	2.4
贵阳	2020	19.5	2		9.9	−1.1			3.8
遵义	2019	12.7	24	5～24	9.7	−1.3	24	28～29	2.5
遵义	2020	17.5	5		8.1	−0.7			3.6
六盘水	2019	18.7	12	9～12	10.4	−2.1	2	1～26	2.7
六盘水	2020	22.6	9		12.0	−2.9			3.7
毕节	2019	14.7	3	1～3	6.5	−2	1	1～26	1.8
毕节	2020	24.1	1		8.7	−2			2.9
铜仁	2019	14.9	22	22～30	7.1	−0.8	22	1～28	3.6
铜仁	2020	16.5	30		8.1	0.9			4.2
黔东南	2019	18.5	30	5～30	7.7	−2.5	1	1～30	3.2
黔东南	2020	21.5	5		9.1	−0.2			4.1
安顺	2019	16.3	6	6～22	8.1	−2.9	1	1～28	3.3
安顺	2020	20.9	22		10.3	−0.4			4.6
黔南	2019	18.5	30	7～30	7.3	−3.7	1	1～28	2.4
黔南	2020	19.8	7		9.3	−0.9			3.5
黔西南	2019	21.5	6	2～6	14.0	1.3	1	1～25	6.9
黔西南	2020	25.4	2		16.2	0.4			7.9

注：日最高（最低）气温出现的期间是指上述气温最近 2 年出现的时间范围。

贵州省市州最近 2 年 2 月份气温

单位：℃

区域	年份	最高气温 20~22.9℃ 日期	天数	最高气温 23~24.9℃ 日期	天数	最高气温 25℃及以上 日期	天数	日平均最高温	日最高气温 温度	日期	日平均最低温
贵阳	2019	2	1	6	1	/	/	16	-1.3	17	-0.6
	2020	13/14/24-26/29	6	/	/	/	/	16.8	-0.9	16	1.4
遵义	2019	/	/	2	1	/	/	13.7	0.2	10	1.1
	2020	13/14/24-27	6	/	/	6	1	17.7	1.6	16	4.3
六盘水	2019	5/9/14/20/27/28	6	2/6/12/13/26	5	/	/	16.9	1.5	11	3.1
	2020	13/26/27/29	4	24/25	2	8	1	15.5	-2.2	16	1.5
毕节	2019	/	/	5/6	2	/	/	13.5	0	11	1.9
	2020	25/26/29	3	27	1	2	1	16.1	-3.4	16	0.9
铜仁	2019	/	/	/	/	/	/	13.8	-0.5	10/11	0.2
	2020	13/14/23/24	4	25	1	6	1	17.9	0.6	16	4.5
黔东南	2019	5	1	13/14/25	3	/	/	16.6	-1.2	10	-0.5
	2020	23/24/26-28	5	/	/	6	1	17.9	1.1	16	4.1
安顺	2019	2	1	6	1	/	/	16	-0.1	17	0.7
	2020	25/26/29	3	/	/	/	/	15.6	-1	16	2.1
黔南	2019	7	1	/	/	/	/	17.4	-1.8	10	-1.2
	2020	13/25-27/29	5	14	1	6	1	18.6	-0.2	16	2.3
黔西南	2019	1/21/26	3	3/4/9/10/14/19/28	7	2/6/7/8/20/27	6	22.1	5.4	24	6.3
	2020	12/27	2	13/14/26/29	4	24/25	2	17.7	4.1	16	6.2

注：/表示未出现该气温。

贵州省市州最近 2 年 3 月份气温

单位：℃

区域	年份	最高气温 20~22.9℃		最高气温 23~24.9℃		最高气温 25℃及以上		日平均最高温	日最低气温℃		日平均最低温
		日期	天数	日期	天数	日期	天数	最高温	温度	日期	最低温
贵阳	2019	18/19/22/26/27/28	6	30	1	20/21/29	3	19.9	3.1	9	5.1
	2020	6/19/23/27	4	20/24/25	3	8/21/22/26	4	20.5	3.1	29	4.6
遵义	2019	22/26/27	3	28/30	2	19/20/21/29	4	20	2.5	3	5.4
	2020	9/18/23	3	19/24/27	3	20/21/22/25/26	5	21.3	5.4	29	6.3
六盘水	2019	1/3/4/21/28/30	6	19/29	2	20/27	2	17.9	2.3	3	5.2
	2020	12/23/24/27	4	2/6/7/20/22/31	6	8/21/25/26	4	18.5	3	10	4.7
毕节	2019	3/21/28	3	30	1	19/20/29	3	19.6	3.5	10/24	4.9
	2020	8/22/23/31	4	20/24	2	21/25/26	3	17.5	4.3	4	5.7
铜仁	2019	10/11/17/25/26/27	6	12/18/30	3	19/20/21/28/29	5	23.4	4.4	8	6
	2020	14/15/22/23/24	5	18/27	2	19/20/21/25/26	5	22.6	5.1	29	6.3
黔东南	2019	11/18/19/25/27	5	28/30	2	20/21/29	3	23.1	4.1	1	4.9
	2020	23	1	8/19/27	3	20/21/22/24-25	6	23.2	4.2	29	5.3
安顺	2019	1/19/22/27/28/30	6	21/29	2	20	1	20	4.2	9	5.5
	2020	2/6/7/20/23-25/27/31	9	26	1	8/21/22	3	19.9	5.5	4	6.9
黔南	2019	18/19/26/27	4	22/28/30	3	20/21/29	3	22.1	3.3	2	4.9
	2020	9/19	2	8/20/23-25/27	6	21/22/26	3	21.6	3	29	4.3
黔西南	2019	3/5/12/13/23	3	1/28/31	3	2/4/19-22/27/29/30	9	22.4	7.9	9	9.3
	2020	1/16/19/20/24	5	9/13/23/25/28	5	2/6-8/12/21/22/26/27	9	22	7.9	4	9.2

参考文献

何培新，刘伟，郝哲，张彦飞，2020．羊肚菌实用栽培技术 [M]．北京：中国农业出版社．

贺新生，2020．羊肚菌生物学基础、菌种分离制作与高产栽培技术 [M]．北京：科学出版社．

黄忠乾，唐利民，甘炳成等，2018．林下羊肚菌高效栽培技术 [J]．四川农业科技（1）：24-25．

廖明亮，2020．羊肚菌稻田栽培技术 [J]．栽培育种（3）：22．

刘伟，张亚，何培新，2018．羊肚菌生物学与栽培技术 [M]．长春：吉林科学技术出版社．

苗人云，刘天海，彭卫红等，2020．羊肚菌营养袋制作原料的化学成分分析及配方优化 [J]．食药用菌（2）：112-118．

裘源春，2019．羊肚菌高效栽培技术 [M]．北京：中国农业出版社．

张金霞，2011．中国食用菌菌种学 [M]．北京：中国农业出版社．